雅砻江流域永久机电设备达标投产标准化手册

雅砻江流域水电开发有限公司　编

内 容 提 要

为进一步推进雅砻江流域水能资源开发"四阶段"战略目标的顺利实施，全面提升雅砻江公司电站群运行管理，以及工程建设形象与管理水平，特编制此手册。

本手册主要包括：水轮机部分标准化施工工艺、水轮发电机部分标准化施工工艺、辅助设备及管路部分标准化施工工艺、电气部分标准化施工工艺等内容。

图书在版编目（CIP）数据

雅砻江流域永久机电设备达标投产标准化手册 / 雅砻江流域水电开发有限公司编 . —北京：中国电力出版社，2019.9

ISBN 978-7-5198-3724-2

Ⅰ . ①雅… Ⅱ . ①雅… Ⅲ . ①水力发电站—机电设备—质量管理—标准化—手册 Ⅳ . ① TV734-62

中国版本图书馆 CIP 数据核字（2019）第 208768 号

出版发行：中国电力出版社
地　　址：北京市东城区北京站西街 19 号（邮政编码 100005）
网　　址：http://www.cepp.sgcc.com.cn
责任编辑：娄雪芳
责任校对：黄　蓓　李　楠
装帧设计：张俊霞
责任印制：吴　迪

印　　刷：北京天宇星印刷厂
版　　次：2019 年 10 月第一版
印　　次：2019 年 10 月北京第一次印刷
开　　本：787 毫米 ×1092 毫米　16 开本
印　　张：13
字　　数：271 千字
定　　价：66.00 元

前 言

山川秀美的雅砻江流域，是一座天然的绿色能源宝库，具有水力资源富集、调节性能好、淹没损失少、经济指标优越等突出特点，技术可开发容量约3000万kW，技术可开发年发电量约1500亿kWh，在全国规划的十三大水电基地中，装机规模排名第三。在雅砻江流域资源开发的宏伟进程中，雅砻江公司充分发挥“一个主体开发一条江”的独特优势，坚定不移实施雅砻江流域水能资源开发“四阶段”战略，以“流域化、集团化、科学化”发展与管理理念，科学有序推进流域各项目建设。目前已完成流域水能资源开发第一、第二阶段战略，雅砻江下游水电开发全面完成，二滩、官地、锦屏一级、锦屏二级、桐子林水电站相继投产发电，公司水电装机规模达到1470万kW。同时，中游两河口水电站、杨房沟水电站主体工程建设全面展开，卡拉、牙根、楞古、孟底沟等5个中游水电站前期工作以及上游“一库十级”规划等前期工作有序推进，流域第三、第四阶段战略也已布局启动。

为全面提升雅砻江公司后续新建项目机电安装管理水平和安装质量，为达标投产建设奠定坚实的基础，我们依据国家水电工程建设规程规范、技术标准和相关规定要求，在深入总结雅砻江流域已建成电站机电安装管理经验的基础上，组织开展了《雅砻江流域永久机电设备达标投产标准化手册》（简称《手册》）的编制工作。

《手册》分为水轮机、发电机、辅助设备及管路、电气设备四个部分，对流域水电站机电设备安装工艺流程、主要质量控制要点、检查指标和验收标准等方面进行了规范，通过实物图片对工艺进行了直观的示例，是对公司永久机电设备安装施工的全面总结，对统一机电安装工艺标准，规范机电安装行为，提高机电安装质量和水平，必将起到积极的促进作用。流域各项目建设管理局应认真学习《手册》的相关内容，根据各项目的实际情况，积极吸收和借鉴《手册》中成功做法，进一步提高安装工艺水平。

由于时间仓促，调研过程中搜集和掌握的资料有限，更囿于对新工艺、新技术、新材料和新设备的认识和了解，不妥之处在所难免。在此，希望广大技术人员提出宝贵意见和建议，以利我们持续改进，进而不断提高《手册》的指导性、示范性和先进性。

目 录

总　　则

雅砻江流域雅砻江干流全长 1571km，天然落差 3830m，流域面积 13.6 万 km^2，年径流量 609 亿 m^3，水能资源十分丰富，技术可开发容量约 3000 万 kW，技术可开发年发电量约 1500 亿 kWh，占四川省的 24%，约占全国的 5%，在全国规划的十三大水电基地中，装机规模排名第三。

为进一步推进雅砻江流域水能资源开发“四阶段”战略目标的顺利实施，全面提升雅砻江公司电站群运行管理，以及工程建设形象与管理水平，我们依据国家水电工程建设相关法规、规程规范、技术标准和有关规定要求，在深入总结雅砻江流域已建成电站运行管理和在建工程建设项目管理经验的基础上，特编制此手册。

第一章　水轮机部分标准化施工工艺

1.1　编制依据

本手册在编写过程中，参考以下标准、规范及相关文件。

（1）GB 11120《涡轮机油》。

（2）GB 50231《机械设备安装工程施工及验收通用规范》。

（3）GB/T 8564《水轮发电机组安装技术规范》。

（4）GB/T 15468《水轮机基本技术条件》。

（5）GB/T 9652.1《水轮机控制系统技术条件》。

（6）DL/T 507《水轮发电机组启动试验规程》。

（7）DL/T 5070《水轮机金属蜗壳现场制造安装及焊接工艺导则》。

（8）DL/T 5113.3《水利水电基本建设工程　单元工程质量等级评定标准　第 3 部分：水轮发电机组安装工程》。

（9）DL/T 563《水轮机电液调节系统及装置技术规程》。

（10）DL/T 679《焊工技术考核规程》。

（11）DL/T 792《水轮机调节系统及装置运行与检修规程》。

（12）SL 668《水轮发电机组推力轴承、导轴承安装调整工艺导则》。

（13）SL 176《水利水电工程施工质量检验与评定规程》。

（14）《雅砻江流域水电工程达标投产实施管理办法（试行）》。

（15）《工程建设标准强制性条文　电力工程部分》。

（16）《雅砻江公司×××水电站水轮机安装质量检测标准》。

在执行本手册时，全部水轮机设备安装工作的检查、施工、调整、试验、验收应遵循制造厂有关技术文件规定，并符合上述国家和行业颁发的有关技术规范、规程和标准。本手册必须遵照执行现行技术规范。

1.2　适用范围

本手册适用于雅砻江流域水电站水轮机部分各系统的施工过程控制，系统划分如下。

（1）尾水管里衬。

（2）座环（基础环）。

（3）蜗壳。

（4）机坑里衬及接力器基础板。

（5）转动部件。

（6）导水机构。

（7）导叶接力器。

（8）主轴密封及水导轴承。

（9）调速系统、油压装置安装及调试。

1.3　一般规定

1.3.1　水轮机施工现场管理，应符合下列规定。

1.3.1.1　电焊工及有关的特殊操作工种等，应按有关要求持证上岗。

1.3.1.2　安装和测量用的计量器具，应检定合格，且在有效期内。

1.3.2　水轮机及其附属设备的施工除符合本手册的规定外，还应按照被批准的施工图纸、合同约定的内容及相关技术标准的规定进行施工。施工图纸修改必须有制造厂家提供通知单或改版图纸。

1.3.3　水轮机埋设部件安装施工对土建工程的要求：与水轮机埋设部件有关的建筑物、构筑物的土建工程质量，应符合国家现行的有关土建施工及验收规范的规定。水轮机埋设部件安装前，机电安装单位应检查接口部位是否满足埋件安装要求，检查对埋设部件安装有妨碍的模板、脚手架、钢筋头等是否拆除，场地是否清理干净。

1.3.4　施工现场应具有必要的施工技术标准、健全的质量管理体系和工程质量检验制度。施工组织设计应经过审查批准，按相关的施工工艺标准或经审定的施工技术方案施工，实现施工全过程质量控制。

1.3.5　水轮机安装所用的主要到货设备、器具、材料、成品和半成品的进场，必须对其进行验收，验收时应对照装箱清单核对到货数量、出厂检测报告、出厂合格证、安装、使用、维修和试验要求等技术文件，根据装箱清单进行逐项清点，查明数量、规格、有无损坏和锈蚀、重要部件尺寸校核等。形成由建设单位、监理工程师、厂家代表、施工单位现场确认的书面验收记录。对于按合同及规程规范须进行第三方检测的设备、器具和材料，应出具第三方检测证明。进口设备、器具和材料进场验收，还应提供商检证明及原产地证书。

1.3.6　单元工程施工质量检验的主控项目，必须达到本手册规定的质量标准，认定为优良；一般项目95%以上的检查点（处）符合本手册规定的质量要求。

1.3.7　单元工程完工后组织自检，在承建单位自检合格的基础上，由监理单位负责对该单元工程进行质量评定。对基础等重要隐蔽单元工程及关键部位单元工程，由监理单位组织管理局、设计单位、承建单位的代表四方联合验收。

1.4 尾水锥管安装

1.4.1 施工准备工作

1.4.1.1 技术准备

施工前进行图纸会审，并按照已批准的施工方案进行技术交底，明确施工方法及质量标准、安全环保措施等。

1.4.1.2 材料准备

槽钢、工字钢、圆钢、拉紧器、电焊条、着色探伤剂、氧气、乙炔、磨光片及抛光片等。

1.4.1.3 施工机具

（1）主要安装机具：电焊机、焊条烘干箱、手拉葫芦、压缝工具、气割工具、脚手架等。

（2）主要检测工具：全站仪、水准仪、钢卷尺、测温枪等。

1.4.2 尾水锥管安装一般工艺流程

尾水锥管安装一般工艺流程，如图 1-1 所示。具体工艺流程参考设备厂家安装说明及现场实际。

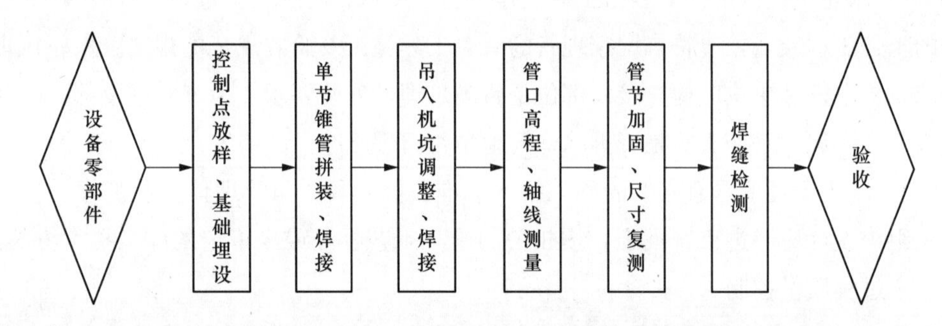

图 1-1 尾水锥管安装一般工艺流程

1.4.3 主要施工工艺

1.4.3.1 控制点放样、基础埋设

（1）尾水锥管安装前，根据测绘中心提供的测量基准点、基准线和水准点及其书面资料，以及国家测绘标准和本工程精度要求，将机组 X、Y 轴线及高程控制点用全站仪引至机组附近。

（2）基础埋设前，根据图纸设计尺寸，检查土建钢筋网高程、方位。满足要求后，测量放线，进行基础埋设，并与土建钢筋网可靠焊接，其高程、水平、轴线均应满足设计及相关规范要求。

1.4.3.2 单节锥管拼装、焊接

（1）单节锥管组装。尾水锥管管节到货后，在现场合适的场地内进行各管节拼装，检

查上下管口直径、坡口尺寸、相邻管口内壁周长差是否满足规范及图纸要求；将焊缝坡口及坡口周围 100mm 范围内打磨出金属光泽；对照图纸检查机坑里衬方位，并做好明显标记。

（2）单节锥管纵缝焊接。按厂家焊接工艺文件及规范要求，焊接锥管纵缝。检查上下管口直径、坡口尺寸、相邻管口内壁周长差是否满足规范及图纸要求，按图纸要求对焊缝进行探伤检测，合格后焊接加固支撑，复测上述尺寸满足要求。

1.4.3.3　吊入机坑调整、焊接

（1）吊入机坑调整。将锥管吊入机坑，调整其进、出口中心、高程和出口里程，使其满足设计图纸的要求后，支撑加固。依次吊入锥管其他各节，调整其进口中心、高程和对缝错牙，使其满足规范和设计图纸的要求后支撑加固。

（2）锥管环缝焊接。焊接前用角向磨光机将坡口表面及两侧各 10～20mm 的铁锈、油污、水迹及其他污物等打磨清除干净，直至露出金属光泽为标准。

焊缝点焊、定位焊用的焊条等要求与正式焊接相同，如发现定位焊缝有开裂现象，应用电弧气刨将开裂处彻底清除，并打磨光滑后再进行点焊。

焊接按厂家提供的焊接工艺进行，采用手工电弧焊的对称、多层多道及分段退步焊接。

所有焊缝原则上均采用分段退步焊接，分段焊接长度一般为 100～200mm。

所有焊缝的装配间隙应满足厂家标准，当局部装配间隙超标时，应先在坡口一侧先堆焊，堆焊完后才允许整条焊缝进行打底焊接。

全部焊缝均采用多层单道焊接。

所有焊接原则上均在正面焊缝焊接完成后再用电弧气刨对背面焊缝进行彻底清根，并打磨光滑，方可进行背面焊缝的焊接。焊接完成后要进行焊缝的打磨。

焊接完成后，根据焊缝外观检查，进行打磨、补焊、着色探伤，并根据厂家规范要求在现场进行焊缝防腐处理。

1.4.3.4　调整加固、浇筑监测

安装完成后，按制造厂、设计图纸要求，进行整体加固，并焊接牢固。尾水管里衬浇筑前，在管口轴线方向架设百分表。浇筑过程由专人检测位移情况，如发现明显位移时，及时通知现场监理工程师，与土建商议，调整浇筑工序及方位。

1.4.4　质量控制要求及指标

1.4.4.1　一般要求

（1）基础垫板的埋设，其高程、中心和分布位置偏差，以及水平偏差需满足厂家设计要求。

（2）埋设部件安装后应加固牢靠，基础螺栓、千斤顶、拉紧器、楔子板、基础板等均应点焊固定。埋设部件与混凝土结合面应无油污和严重锈蚀。

（3）楔子板应成对使用，搭接长度在 2/3 以上。对于承受重要部件的楔子板，安装后应用塞尺检查接触情况。

1.4.4.2　控制指标

控制指标见各项目安装质量检测标准。

1.4.4.3　质量验收

尾水管里衬安装工程的验收划分为以下几个阶段：单节焊前、焊后尺寸检查，吊入机坑调整后检查，整体安装完成检查，混凝土浇筑后复测。

1.4.5　涉及的强制性条文

1.4.5.1　NB 35074—2015《水电工程劳动安全与工业卫生设计规范》

第4.1.3条第5款　机械排水系统的水泵管路出水口高层低于下游校核洪水位时，必须在排水管上装设止回阀。

第4.2.6条　所有工作场所严禁采用明火取暖。蓄电池室、油罐室、油处理设备室严禁使用敞开式电热器取暖。

第4.3.1条第5款　保护导体必须有足够的截面和良好的电气连续性，严禁将金属水管、含有可燃性气体或液体的管道，以及正常使用中承受机械应力的导电部分用作保护导体。电气装置的外露可导电部分不得用作保护导体的串接过渡接点。

第4.5.6条　枢纽建筑物的掺气孔、通气孔、调压井，应在其孔口设置防护栏杆或设置钢筋网孔盖板，网孔应能防止人脚坠入。

1.4.5.2　GB/T 8564—2003《水轮发电机组安装技术规范》

第3.2条　发电机组及其附属设备的安装工程，除应执行本标准外，还应遵守国家及有关部门颁发的现行安全防护、环境保护、消防等规程的有关要求。

第3.6条　水轮发电机组安装所用的全部材料，应符合设计要求。对主要材料，必须有检验和出厂合格证明书。

第3.7条　安装场地应统一规划，并应符合下列要求。

a）安装场地的温度一般不低于5℃，空气相对湿度不高于85%；对温度、湿度和其他特殊条件有要求的设备、部件的安装按设计规定执行。

b）施工现场应有足够的照明。

c）施工现场必须具有符合要求的施工安全防护设施。放置易燃、易爆物品的场所，必须有相应的安全规定。

d）应文明生产，安装设备、工器具和施工材料堆放整齐，场地保持清洁，通道畅通，工完场清。

第4.14条　机组及其附属设备的焊接应符合下列要求。

a）参加机组及其附属设备各部件焊接的焊工应按DL/T 679《焊工技术考核规程》或制造厂规定的要求进行定期专项培训和考核，考试合格后持证上岗。

b）所有焊接焊缝的长度和高度应符合图纸要求，焊接质量应按设计图纸要求进行检验。

c）对于重要部件的焊接，应按焊接工艺评定后制定的焊接工艺程序或制造厂规定的焊接工艺规程进行。

第 4.15 条　机组和调速系统所用汽轮机油的牌号应符合设计规定，各项指标符合 GB 11120《涡轮机油》的规定，见附录 F。

第 4.17 条　水轮发电机组的部件组装和总装配时，以及安装后都必须保持清洁，机组安装后必须对机组内、外部仔细清扫和检查，不允许有任何杂物和不清洁之处。

1.4.5.3　DL 5162—2013《水电水利工程施工安全防护设施技术规范》

第 4.1.2 条　进入施工现场的工作人员，必须按规定佩戴安全帽和使用其他相应的个体防护用品。从事特种作业的人员，必须持有政府主管部门核发的操作证，并配备相应的安全防护用品。

第 4.1.4 条　施工现场的洞（孔）、井、坑、升降口、漏斗口等危险处，应有防护设施和明显标志。

第 4.2.1 条　高处作业面的临空边沿，必须设置安全防护栏杆。

第 4.2.5 条　脚手架作业面高度超过 3.2m 时，临边必须挂设水平安全网，还应在脚手架外侧挂立网封闭。脚手架的水平安全网必须随建筑物升高而升高，安全网距离工作面的最大高度不得超过 3m。

1.4.6　成品示范

拼装完成的单节尾水锥管，如图 1-2 所示。尾水锥管整体吊装，如图 1-3 所示。尾水锥管整体安装完成，如图 1-4 所示。尾水锥管浇筑完成，如图 1-5 所示。

图 1-2　拼装完成的单节尾水锥管

图 1-3　尾水锥管整体吊装

图 1-4　尾水锥管整体安装完成

图 1-5　尾水锥管浇筑完成

1.5　座环（基础环）安装

1.5.1　座环（基础环）安装前的准备工作

1.5.1.1　技术准备

施工前进行图纸会审，并按照已批准的施工方案进行技术交底，明确施工方法及质量标准、安全环保措施等。

1.5.1.2　材料准备

钢支墩、工字钢、圆钢、拉紧器、电焊条、着色探伤剂、氧气、乙炔、磨光片及抛光片等。

1.5.1.3　安装设备及工器具的准备

（1）电焊机、焊条烘干箱、手拉葫芦、压缝工具、组合面把合工具、气割工具、脚手架等。

（2）测试工具：内径千分尺、全站仪、水准仪、钢卷尺、测温枪等。

1.5.2　座环（基础环）安装一般工艺流程

座环（基础环）安装一般工艺流程，如图 1-6 所示。具体工艺流程参考设备厂家安装说明及现场实际。

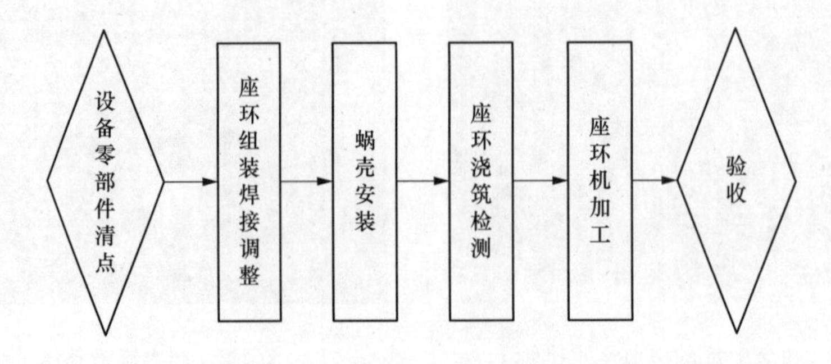

图 1-6　座环（基础环）安装一般工艺流程

1.5.3　座环（基础环）安装主要施工工艺

1.5.3.1　控制点放样、基础埋设

（1）座环（基础环）吊入机坑安装前，根据测绘中心提供的测量基准点、基准线和水准点及其书面资料，以及国家测绘标准和本工程精度要求，将机组 X、Y 轴线及高程控制点用全站仪引至机组附近位置。

（2）基础埋设前，根据图纸设计尺寸，检查土建钢筋网高程、方位。满足要求后，测量放线，进行基础埋设，并与土建钢筋网可靠焊接，其高程、水平、轴线均应满足设计及相关规范要求。

1.5.3.2　座环（基础环）组装、焊接

（1）布置 8 个支墩及楔子板，初调楔子板顶面水平在 1mm 以内，清扫、打磨座环（基础环）各瓣坡口。

（2）按厂内预装编号依次吊装座环（基础环），用千斤顶及楔子板调整座环（基础环）合缝焊缝错牙、转轮支撑法兰面错牙，座环（基础环）加工面圆度、水平等满足要求后，把合定位块螺栓，并在内部适当加固支撑。

（3）焊接座环（基础环）组合缝。焊接过程中测量控制座环（基础环）的圆度及水平，并根测量数据及时调整焊接次序。焊后将加工面组合缝打磨平整。按图纸及规范要求进行焊缝探伤检查，应满足要求。

（4）按照图纸要求，在座环（基础环）外圆标记出基础环锚钩位置，并打磨出金属光泽，按设计要求焊接锚钩。

1.5.3.3　座环吊装调整

（1）座环安装工作面提交前，用经纬仪检查、测量座环支墩基础螺杆孔的位置及尺寸应满足要求。工作面提交后，预先将到货基础螺杆放入螺杆孔内，用水准仪调整座环、调整楔子板及螺纹千斤顶高度，并做好位置记号，圆周均布摆放座环临时调整的钢支墩。

（2）座环组合成整体后，用千斤顶及楔子板初步调整座环固定导叶中心高程满足规范要求；用导链固定于预先埋设于锥管上口混凝土的地锚上，在座环混凝土支墩与基础板之间（周向）用千斤顶及支撑钢管配合调整座环四个轴线方位，直至满足规范要求；穿入所有基础螺杆，按设计要求的螺栓力矩或拉伸值拧紧基础螺栓。

（3）在座环内搭设临时测量平台，检查测量座环上下环圆度、水平、高程应满足设计及规范要求。

1.5.3.4　座环（基础环）混凝土浇筑检测及不锈钢凑合节焊接

（1）座环（基础环）在机坑内调整、定位后，根据尾水管以上基础图纸对其进行外部加固。

（2）待蜗壳安装完毕、混凝土浇筑前，在座环轴线位置安装位移检测架，安装百分表，由专人负责浇筑全过程的监控，如发现位移超标时，及时通知现场监理工程师，与土建商

议，调整浇筑工序及方位。

（3）将相应的焊缝坡口清理干净，根据基础环图纸要求安装、焊接基础环不锈钢段与尾水锥管上段环缝背后的围带；不锈钢段的环缝待混凝土浇筑完毕后再进行焊接。

1.5.3.5 座环机加工

（1）机组安装高程的确定。用水准仪测量固定导叶中心线高程，取与平均值最接近的固定导叶高程为座环的安装高程，即水轮机导水机构中心线，同时作为加工时的高度测量基准。将水轮机安装高程转移到固定导叶、机坑里衬适当位置上，并打上标记，标明该点的高程，作为座环加工过程中的基准控制点。

（2）机组中心的确定。立式铣床安装完成初步调整后，以座环上环板为基准，测量内圆面至立式铣床旋转轴的半径，沿周向测量16个点来调整立式铣床中心至最佳位置，即座环加工中心。

座环加工前，以上述确定的控制点为基准，对座环进行全面测量和记录，从而确认各加工面的加工余量和加工到位后的最终尺寸。

（3）座环机加工设备安装、调试。座环加工设备由厂家提供，属于专用立式铣床。加工设备的安装、调试在制造厂现场督导指导下完成。

（4）座环加工顺序（示例）。加工中心、高程确定→加工余量确定→座环与底环接触密封面加工→座环下环板与底环把合面加工→座环上法兰面加工。具体工艺流程参考设备厂家安装说明及现场实际。

（5）加工余量的确定。雅砻江流域水电站座环加工余量根据厂家提供的导水机构厂内预装尺寸及顶盖、导叶、底环相关尺寸的实际加工数据确定，座环加工前实际尺寸的测量是在基础环与锥管不锈钢段焊接完毕、混凝土浇至水轮机层，座环、基础环灌浆完毕后进行。

对座环各法兰面进行测量，所得水平及高差数据，以及顶盖、导叶、底环的实测数据，根据以上测量数据，确定各法兰面加工余量，并制定加工曲线图。

（6）座环加工由厂家完成。

1.5.4 座环（基础环）安装质量控制要求及指标

座环（基础环）安装质量控制要求及指标见各项目安装标准。

座环（基础环）安装质量验收如下。

（1）座环（基础环）安装工程的验收划分为以下几个阶段：分瓣组装焊后尺寸检查、吊入机坑调整完成后尺寸检查，混凝土浇筑后尺寸复测、机加工完成后配合尺寸检查。

（2）严格质量三检制，认真执行作业班组自检、作业队复检、项目部终检，合格后报请监理检查并签证。对质量问题实行一票否决制，层层把关，消除质量隐患。对参与施工的人员进行技术交底，进行相应的培训，贯彻执行标准、操作要点。

1.5.5　涉及的强制性条文

1.5.5.1　NB 35074—2015《水电工程劳动安全与工业卫生设计规范》

第 4.1.3 条第 5 款　机械水系统的水泵管路出水口高层低于下游校核洪水位时，必须在排水管上装设止回阀。

第 4.2.6 条　所有工作场所严禁采用明火取暖。蓄电池室、油罐室、油处理设备室严禁使用敞开式电热器取暖。

第 4.3.1 条第 5 款　保护导体必须有足够的截面和良好的电气连续性，严禁将金属水管、含有可燃性气体或液体的管道，以及正常使用中承受机械应力的导电部分用作保护导体。电气装置的外露可导电部分不得用作保护导体的串接过渡接点。

第 4.5.6 条　枢纽建筑物的掺气孔、通气孔、调压井，应在其孔口设置防护栏杆或设置钢筋网孔盖板，网孔应能防止人脚坠入。

1.5.5.2　GB/T 8564—2003《水轮发电机组安装技术规范》

第 3.2 条　发电机组及其附属设备的安装工程，除应执行本标准外，还应遵守国家及有关部门颁发的现行安全防护、环境保护、消防等规程的有关要求。

第 3.6 条　水轮发电机组安装所用的全部材料，应符合设计要求。对主要材料，必须有检验和出厂合格证明书。

第 3.7 条　安装场地应统一规划，并应符合下列要求。

a）安装场地应能防风、防雨、防尘。机组安装应在本机组段和相邻的机组段厂房屋顶封闭完成后进行。

b）安装场地的温度一般不低于 5℃，空气相对湿度不高于 85%；对温度、湿度和其他特殊条件有要求的设备、部件的安装按设计规定执行。

c）施工现场应有足够的照明。

d）施工现场必须具有符合要求的施工安全防护设施。放置易燃、易爆物品的场所，必须有相应的安全规定。

e）应文明生产，安装设备、工器具和施工材料堆放整齐，场地保持清洁，通道畅通，工完场清。

第 4.14 条　机组及其附属设备的焊接应符合下列要求。

a）参加机组及其附属设备各部件焊接的焊工应按 DL/T 679《焊工技术考核规程》或制造厂规定的要求进行定期专项培训和考核，考试合格后持证上岗。

b）所有焊接焊缝的长度和高度应符合图纸要求，焊接质量应按设计图纸要求进行检验。

c）对于重要部件的焊接，应按焊接工艺评定后制定的焊接工艺程序或制造厂规定的焊接工艺规程进行。

第 4.17 条　水轮发电机组的部件组装和总装配时，以及安装后都必须保持清洁，机组安装后必须对机组内、外部仔细清扫和检查，不允许有任何杂物和不清洁之处。

1.5.5.3 DL 5162—2013《水电水利工程施工安全防护设施技术规范》

第4.1.2条 进入施工现场的工作人员，必须按规定佩戴安全帽和使用其他相应的个体防护用品。从事特种作业的人员，必须持有政府主管部门核发的操作证，并配备相应的安全防护用品。

第4.1.4条 施工现场的洞（孔）、井、坑、升降口、漏斗口等危险处，应有防护设施和明显标志。

第4.2.1条 高处作业面的临空边沿，必须设置安全防护栏杆。

第4.2.5条 脚手架作业面高度超过3.2m时，临边必须挂设水平安全网，还应在脚手架外侧挂立网封闭。脚手架的水平安全网必须随建筑物升高而升高，安全网距离工作面的最大高度不得超过3m。

1.5.6 成品示范

基础环的测量，如图1-7和图1-8所示。座环组装平台，如图1-9所示。座环首瓣吊装，如图1-10所示。座环组装，如图1-11所示。座环焊接防风棚，如图1-12所示。座环组装焊接完成，如图1-13所示。

图1-7 基础环的测量（一）

图1-8 基础环的测量（二）

图1-9 座环组装平台

图1-10 座环首瓣吊装

图 1-11　座环组装

图 1-12　座环焊接防风棚

图 1-13　座环组装焊接完成

1.6　蜗壳安装

1.6.1　蜗壳安装前施工准备

1.6.1.1　技术准备

施工前进行图纸会审，并按照已批准的施工组织设计（施工方案）进行技术交底，明确施工方法及质量标准、安全环保措施等。

1.6.1.2　材料准备

槽钢、工字钢、圆钢、拉紧器、电焊条、着色探伤剂、氧气、乙炔、磨光片及抛光片等。

1.6.1.3　施工机具

（1）主要安装机具：电焊机、焊条烘干箱、温控柜、手拉葫芦、压缝工具、气割工具、脚手架、履带式加热片等。

（2）测量机具：全站仪、水准仪、钢卷尺、测温枪、超声波探伤仪、射线探伤仪等。

1.6.2　金属蜗壳安装一般工艺流程

金属蜗壳安装一般工艺流程，如图 1-14 所示。具体工艺流程参考设备厂家安装说明及现场实际。

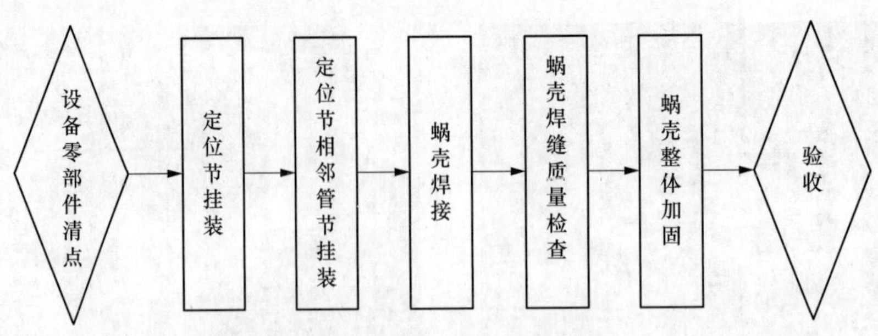

图 1-14　金属蜗壳安装一般工艺流程

1.6.3　金属蜗壳安装主要施工工艺

1.6.3.1　施工准备

（1）施工场地准备。在蜗壳外侧搭设施工脚手架，并搭设一爬梯到蜗壳各施工断面，并在脚手架外围铺设安全网。在座环上法兰搭设钢平台，放置温控仪、电焊机、空气压缩机、工具箱等设备。

蜗壳挂装安全平台在蜗壳挂装的过程中逐步搭设，平台用脚手架管搭设，各层铺满竹跳板，外围用安全网整体防护起来。

（2）单节蜗壳清扫、尺寸校核。蜗壳单节运至安装间，挂装前将坡口打磨除锈、清理干净，测量开口尺寸及对角线尺寸，对产生扭曲的管节进行校正。

（3）蜗壳挂装控制点放样。根据蜗壳各节方位角度计算出测量点线图，在机坑内用全站仪放到地面上，打上标记，作为蜗壳挂装测量控制点。

1.6.3.2　蜗壳挂装

根据图纸，以定位节开始挂装，挂装时尽可能对称挂装，以避免座环受力不均（如图 1-15 所示），具体挂装顺序参考设备厂家安装说明及现场实际。

（1）定位节挂装。定位节挂装程序：检查座环及蜗壳节的开口尺寸→挂装→调整→验收→支撑固定。

定位节吊装到位后，用千斤顶、拉紧器来调整其位置，用水平仪、钢卷尺、线锤来检测管口的方位、最远点半径、垂直度、高程合格后，在定位节外缘用千斤顶支承，并用拉紧器固定，按工艺要求将其与过渡板点焊。

（2）蜗壳其他管节挂装。其他管节挂装顺序：挂装→调整→验收→支撑固定。

定位节挂装定位合格后，按蜗壳挂装顺序依次挂装蜗壳其余管节，同时按要求支撑、调整与定位节相邻的管节及焊缝的错牙与间隙。合格后，点焊环缝，点焊适宜在背缝侧，点焊时用烤枪预热。

每个挂装方向调整好两条以上环缝后开始焊接第一条环缝。采取边挂边焊接的方式依次安装其他管节。

（3）凑合节安装。凑合节安装程序：测量→配制→挂装→预热→焊接（先纵后环）。

其他管节安装、焊接完成后，在蜗壳与座环过渡段焊接前，进行凑合节瓦块的安装。凑合节瓦块采取在现场进行配割的方法，切割前需进行预热，凑合节吊装前，测量相邻管节的几何尺寸及凑合节安装位置的尺寸，确定切割位置及余量。

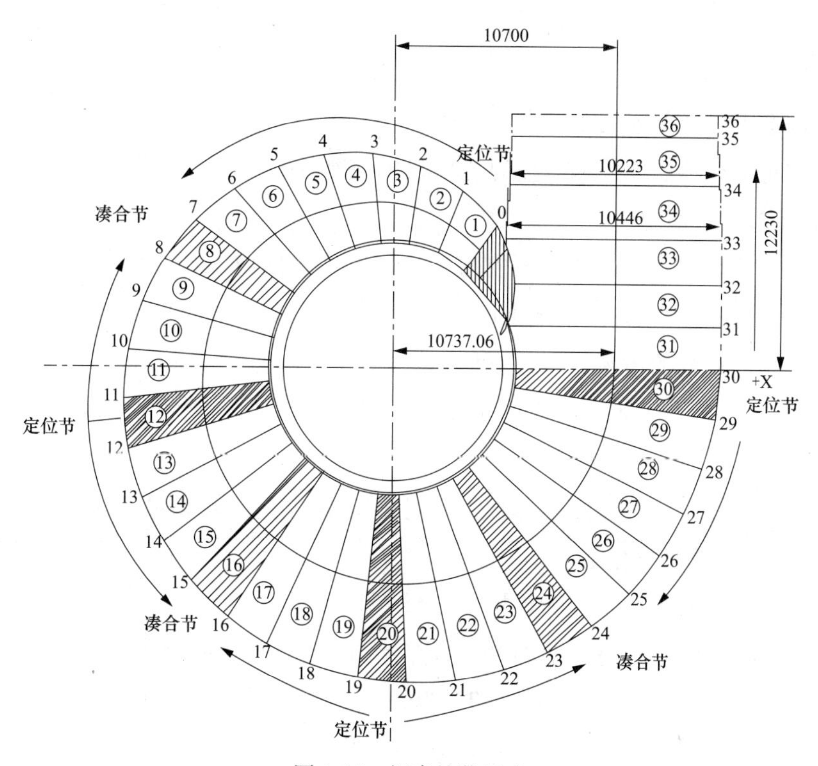

图 1-15　蜗壳挂装示意

凑合节瓦块先吊装底部瓦块、后挂装顶部瓦块。

根据所测量的尺寸将瓦块调整到位，瓦块尽量贴近蜗壳。按实际位置划切割线，进行切割。切割时，将瓦块稍微垫高，避免割伤蜗壳。切割完毕后，将瓦块调整到位，点焊瓦块。瓦块坡口用角磨机打磨出金属光泽。

（4）蜗壳延伸段安装。蜗壳延伸段挂装时，校核压力钢管实际中心。以压力钢管实际中心和蜗壳定位节出口实际中心连线作为蜗壳与压力钢管凑合节安装的中心控制线。按逆时针顺序依次挂装调整蜗壳延伸段。

1.6.3.3　蜗壳焊接

（1）蜗壳焊接顺序（示例），管节之间的环缝焊接→凑合节纵缝焊接→凑合节环缝焊接→蝶形边焊接→蜗壳与钢管间凑合节纵缝、下游环缝、背板单边焊缝焊接→蜗壳混凝土浇筑完成，并在保养期过后，焊接凑合节封闭环缝→锥管封闭缝焊接。具体挂装顺序参考设备厂家安装说明及现场实际。

（2）对施工现场的要求。

1）施工现场应符合要求，应能避风避雨，防火防触电。

2）现场保证风、水、电和照明的安全供应。

3）现场应有足够的消防用具，各种扶梯应安全可靠。

4）所需材料、工具、工装和焊接、铲磨、焊条烘干及保温、消应、探伤设备应准备齐全。

（3）焊接材料要求。

1）蜗壳现场焊缝全部采用手工电弧焊接。

2）点焊和正式焊接的焊条和焊接规范相同，点焊要牢固，无缺陷。

（4）蜗壳焊接的一般要求。

1）参加焊接的焊工必须具备焊接资格认证且在有效期内，在开始焊接前应组织焊工进行考试，经考试合格的焊工方能持证上岗。

2）焊前应检查焊缝的错牙、间隙满足规范要求。

3）清除组合缝坡口表面及其两侧 50mm 范围内的铁锈、油漆、熔渣、油污和水分等，直至露出金属光泽。

4）焊接施工地点必须符合以下条件：相对湿度不大于 90%；对于手工电弧焊，风速不大于 10m/s；焊接场地照明充足。

5）焊接时采用直流电源，短弧焊接，以窄道焊为宜。

6）对蜗壳的所有现场焊缝预热温度、预热范围、层间温度按评定的焊接工艺要求。

7）凑合节纵焊缝、舌板与过渡板焊缝、蜗壳与过渡段焊缝焊接完成后立即进行消氢处理。

8）焊接过程中必须用塑料布和石棉布保护好机加工过的孔或面。

9）焊缝宜连续焊接完成，若中途停止焊接，则必须采取保温措施，恢复施焊时应达到预热温度的要求。

10）焊接时上下对称、均匀焊接。打底焊接时，必须采用小电流焊接。焊接时为减少变形，应采用分段、对称、退步、窄道焊的工艺。

11）多层多道焊接时，各层的焊接接头应错开。

12）每焊完一道，应清渣一次，并做检查，如发现缺陷应及时清除，修补后再做检查，不允许带缺陷进行下一步操作。

13）先焊接大坡口侧的正面焊缝，正面焊缝在焊接至坡口深度的 1/2 后，即用碳弧气刨进行背面焊缝的清根，清根后必须使用角磨机铲磨渗碳层和淬硬层。

14）除打底层和盖面层外，其余每焊完一层均要用风铲进行锤击振动消应处理。

15）焊后清除浇筑支撑后，应对该部位进行修磨，并做 TV 检查。

（5）蜗壳焊接方法。

1）定位焊。定位焊必须采用与正式焊接相同的焊接工艺、焊接规范，以及安排合格焊工进行焊接。每段定位焊必须不中断一次焊接完成。

目视检查定位焊焊缝，若有任何缺陷，如裂纹、气孔等必须在焊接正式焊缝前采用打磨

的方法彻底去除。

2）蜗壳环向焊缝焊接。采用多层多道、对称、分段退步焊接。

从大坡口一侧开始焊接，焊接至坡口深度的1/2后，进行背缝的清根、打磨和焊接，背缝焊接完成后再进行正缝的焊接，直到全部焊接完成。

3）蜗壳凑合节焊缝焊接。焊接顺序：纵缝→第一条环缝→第二条环缝。

凑合节纵缝和第一条环缝的焊接与蜗壳其他纵缝、环缝的焊接方法、要求相同。

4）过渡段焊缝焊接。所有环缝和凑合节焊缝全部焊接完成后，焊接蜗壳与过渡板的焊缝。焊接时，上、下同时、对称、分段、退步焊接，焊接时应保持焊接速度一致。

焊接上过渡板时，先在非过流面进行平焊，从过流面清根；焊接下过渡板时，先在过流面进行平焊，从非过流面清根。过渡板焊接时应连续进行直至焊接完成。

5）凑合节纵焊缝、舌板与过渡板焊缝、蜗壳与过渡段焊缝焊接完成后，立即进行热消氢处理。

1.6.3.4 蜗壳焊接质量检查及消缺

（1）外观质量检查。蜗壳安装焊缝的外观质量应符合厂家技术要求，同时应符合DL/T 5070《水轮机金属蜗壳现场制造安装及焊接工艺导则》中的规定。

（2）焊缝无损探伤。蜗壳安装焊缝无损探伤采用的方法及检测质量标准严格按厂家技术要求进行。

（3）焊缝返修。同一部位焊缝缺陷返修次数一般不应超过两次，特殊情况下超过两次以上的焊缝返修处理应报经施工现场监理工程师批准，并做好记录，详细记录焊缝的编号、缺陷的位置、长度、性质等，并分析缺陷产生的原因及返修处理结果。

1.6.3.5 蜗壳混凝土浇筑。

蜗壳混凝土浇筑前根据图纸要求铺设弹性层，混凝土浇筑时，严禁从高处对着蜗壳冲浇，防止冲击导致座环产生变形、变位，并在蜗壳周围利用小振动棒振捣。混凝土的浇筑速度满足设计要求，蜗壳外围液态混凝土的浇筑厚度不超过厂家规定值。

在浇筑过程中一旦发现座环变位等情况，及时调整混凝土浇筑的施工流程。

1.6.4 蜗壳安装质量控制指标及要求

1.6.4.1 一般规定

（1）基础垫板的埋设，其高程偏差、中心、分布位置偏差、水平偏差需满足厂家要求。

（2）埋设部件安装后应加固牢靠。基础螺栓、千斤顶、拉紧器、楔子板、基础板等均应点焊固定。埋设部件与混凝土结合面，应无油污和严重锈蚀。

（3）楔子板应成对使用，搭接长度在2/3以上。对于蜗壳底部的楔子板，安装后应用塞尺检查接触情况。

（4）采用超声波探伤时，检查长度：环缝、纵缝、蜗壳与座环连接的对接焊缝均为

100%；焊缝质量，按 GB/T 11345《焊缝无损检测　超声检测　技术、检测等级和评定》规定的标准，环缝应达到BⅡ级，纵缝、蜗壳与座环连接的对接焊缝应达到BⅠ级的要求。对有怀疑的部位，用射线探伤复核。

1.6.4.2　蜗壳挂装控制指标

蜗壳挂装控制指标见各项目安装标准。

1.6.4.3　蜗壳焊接检查指标

根据项目具体情况结合设备厂家要求制定检查控制内容。

1.6.4.4　质量验收

蜗壳安装工程的验收划分为以下几个阶段：定位节挂装检查，定位节相邻管节挂装检查，凑合节挂装检查，蜗壳焊前、焊后检查。

1.6.5　涉及的强制性条文

1.6.5.1　NB 35074—2015《水电工程劳动安全与工业卫生设计规范》

第4.1.3条第5款　机械排水系统的水泵管路出水口高层低于下游校核洪水位时，必须在排水管上装设止回阀。

第4.2.6条　所有工作场所严禁采用明火取暖。蓄电池室、油罐室、油处理设备室严禁使用敞开式电热器取暖。

第4.3.1条第5款　保护导体必须有足够的截面和良好的电气连续性，严禁将金属水管、含有可燃性气体或液体的管道，以及正常使用中承受机械应力的导电部分用作保护导体。电气装置的外露可导电部分不得用作保护导体的串接过渡接点。

第4.5.6条　枢纽建筑物的掺气孔、通气孔、调压井，应在其孔口设置防护栏杆或设置钢筋网孔盖板，网孔应能防止人脚坠入。

1.6.5.2　GB/T 8564—2003《水轮发电机组安装规范》

第3.2条　发电机组及其附属设备的安装工程，除应执行本标准外，还应遵守国家及有关部门颁发的现行安全防护、环境保护、消防等规程的有关要求。

第3.6条　水轮发电机组安装所用的全部材料，应符合设计要求。对主要材料，必须有检验和出厂合格证明书。

第3.7条　安装场地应统一规划，并应符合下列要求。

a）安装场地应能防风、防雨、防尘。机组安装应在本机组段和相邻的机组段厂房屋顶封闭完成后进行。

b）安装场地的温度一般不低于5℃，空气相对湿度不高于85%；对温度、湿度和其他特殊条件有要求的设备、部件的安装按设计规定执行。

c）施工现场应有足够的照明。

d）施工现场必须具有符合要求的施工安全防护设施。放置易燃、易爆物品的场所，必

须有相应的安全规定。

e）应文明生产，安装设备、工器具和施工材料堆放整齐，场地保持清洁，通道畅通，工完场清。

第 4.14 条　机组及其附属设备的焊接应符合下列要求。

a）参加机组及其附属设备各部件焊接的焊工应按 DL/T 679《焊工技术考核规程》或制造厂规定的要求进行定期专项培训和考核，考试合格后持证上岗；

b）所有焊接焊缝的长度和高度应符合图纸要求，焊接质量应按设计图纸要求进行检验；

c）对于重要部件的焊接，应按焊接工艺评定后制定的焊接工艺程序或制造厂规定的焊接工艺规程进行。

第 4.17 条　水轮发电机组的部件组装和总装配时以及安装后都必须保持清洁，机组安装后必须对机组内、外部仔细清扫和检查，不允许有任何杂物和不清洁之处。

1.6.5.3　DL 5162—2013《水电水利工程施工安全防护设施技术规范》

第 4.1.2 条　进入施工现场的工作人员，必须按规定佩戴安全帽和使用其他相应的个体防护用品。从事特种作业的人员，必须持有政府主管部门核发的操作证，并配备相应的安全防护用品。

第 4.1.4 条　施工现场的洞（孔）、井、坑、升降口、漏斗口等危险处，应有防护设施和明显标志。

第 4.2.1 条　高处作业面的临空边沿，必须设置安全防护栏杆。

第 4.2.5 条　脚手架作业面高度超过 3.2m 时，临边必须挂设水平安全网，还应在脚手架外侧挂立网封闭。脚手架的水平安全网必须随建筑物升高而升高，安全网距离工作面的最大高度不得超过 3m。

1.6.6　成品示范

单节蜗壳组焊完成，如图 1-16 所示。单节蜗壳挂装完成，如图 1-17 所示。蜗壳全部焊接完成，如图 1-18 和图 1-19 所示。蜗壳保压试验，如图 1-20 所示。

图 1-16　单节蜗壳组焊完成

图 1-17　单节蜗壳挂装完成

图 1-18　蜗壳全部焊接完成（一）

图 1-19　蜗壳全部焊接完成（二）

图 1-20　蜗壳保压试验

1.7　机坑里衬及接力器基础板安装

1.7.1　施工准备工作

1.7.1.1　技术准备

施工前进行图纸会审，并按照已批准的施工组织设计（施工方案）进行技术交底，明确施工方法及质量标准、安全环保措施等。

1.7.1.2　材料准备

槽钢、工字钢、圆钢、拉紧器、电焊条、着色探伤剂、氧气、乙炔、磨光片及抛光片等。

1.7.1.3　施工机具

（1）安装机具：电焊机、焊条烘干箱、手拉葫芦、压缝工具、气割工具、脚手架等。

（2）测量机具：全站仪、水准仪、钢卷尺、测温枪等。

1.7.2　机坑里衬及接力器基础板安装一般工艺流程

机坑里衬及接力器基础板安装一般工艺流程，如图 1-21 所示。具体工艺流程参考设备厂家安装说明及现场实际。

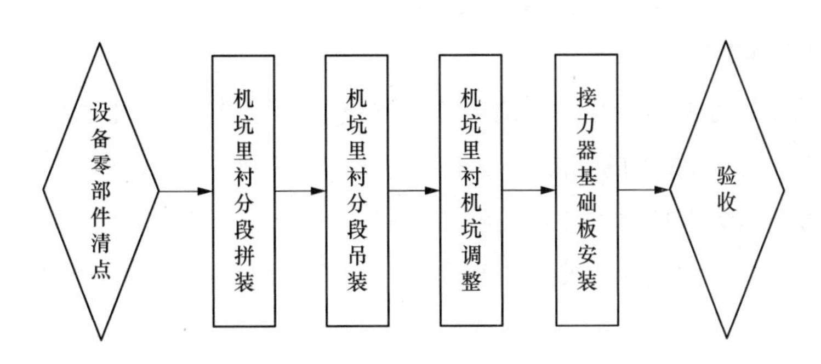

图 1-21　机坑里衬及接力器基础板安装一般工艺流程

1.7.3　主要施工工艺

1.7.3.1　机坑里衬分段拼装

（1）在设备库对到货的机坑里衬进行组拼，根据图纸尺寸放样，将到货分瓣里衬按照图纸顺序进行组装，用压码、楔铁、手拉葫芦调整机坑里衬外形尺寸，满足设计要求后，内部搭设支撑固定，进行纵缝点焊。

（2）仔细清理机坑里衬分瓣对接纵缝，将坡口内的油漆、杂物全部清理干净。所有纵缝同时施焊。纵缝焊接时，先焊中间焊缝，后焊接上、下两侧纵缝；采用分段退步焊，尽量减少里衬的变形。

1.7.3.2　机坑里衬分段吊装调整

（1）机坑里衬下段安装。

1）吊装机坑里衬下段到座环上，对正方位后拆除吊具。

2）用钢板尺测量一周机坑里衬内法兰到座环上镗口的距离，调整偏差。

3）检查机坑里衬下段上口直径和水平度。

4）对调整好的机坑里衬下段进行焊接，焊接时按照图纸要求的焊角高度，对称焊接。

（2）机坑里衬中段安装。

1）吊装机坑里衬中段到机坑里衬下段上，对正方位刻线，并搭焊牢固后拆除吊具。

2）调整机坑里衬下段与机坑里衬中段之间的焊缝，使焊缝间隙和错牙满足要求。

3）对调整好的机坑里衬中段与下段的焊缝进行焊接，焊接时按照图纸要求的焊角高度，对称焊接。

（3）机坑里衬上段安装。

1）吊装机坑里衬上段到机坑里衬中段上，对正方位刻线，并搭焊牢固后拆除吊具。

2）调整机坑里衬上段与机坑里衬中段之间的焊缝，使焊缝间隙和错牙满足要求。

3）对调整好的机坑里衬中段与上段的焊缝进行焊接，焊接时按照图纸要求的焊角高度，对称焊接。

4）整体检查机坑里衬各段到座环上镗口的距离、上口直径、高程满足要求。

（4）接力器坑衬安装。

1）按图纸的设计方位和高程，配割出接力器坑衬、灯罩装配和机坑里衬进人门。修割时要留有余量，避免产生较大的间隙。

2）按图尺寸将接力器坑衬安装在机坑里衬上。

3）调整合格后按照图纸焊角要求进行焊接，焊接完成后将伸出内壁的余量割除，打磨平整。

4）同样方法将灯罩装配、进人门框装焊到机坑里衬上。

5）将管路穿过机坑里衬的连接法兰采用上述方法焊在机坑里衬上，管路安装后应进行相应的管路试验。

1.7.3.3 接力器基础板调整、安装

（1）将接力器基础板清理、组装成整体，按图标记出固定板的水平和垂直中心线。

（2）将接力器基础板吊入机坑就位，首先调整接力器基础板的位置。挂垂直钢琴线测量垂直标记线的位置偏差；测量基础板水平标记线两端的高程差来确定水平标记线的位置偏差。

（3）以底环上平面为基准调整固定板水平标记线高程。

（4）根据座环 *X*、*Y* 标记挂十字钢琴线，按图调整基础板法兰面到 *X*-*X* 线距离，与设计偏差、相对 *X*-*X* 线平行度偏差满足要求；调整基础板法兰面到 *Y*-*Y* 线距离，与设计偏差应满足要求。

（5）在基础板法兰面前挂钢琴线，调整其垂直度满足要求。

（6）调整完成后，将基础板点焊在接力器坑衬上。

（7）采用对称、分段同时焊接的方法焊接。先焊接调整板与机坑里衬，再焊接固定板与调整板。在焊接过程中应严密监视基础板变形，必要时调整焊接顺序以保证基础板焊后变形最小或朝有利方向变形。

（8）为防止混凝土浇筑过程中发生变形，在安装完成后应对接力器埋件进行进一步加固。

1.7.4 质量控制要求及指标

1.7.4.1 一般要求

（1）埋设部件安装后应加固牢靠。基础螺栓、千斤顶、拉紧器、楔子板、基础板等均应点焊固定。埋设部件与混凝土结合面，应无油污和严重锈蚀。

（2）楔子板应成对使用，搭接长度在 2/3 以上。对于承受重要部件的楔子板，安装后应用塞尺检查接触情况。

1.7.4.2 控制指标

控制指标见各项目安装标准。

1.7.4.3　质量验收

机坑里衬及接力器基础板安装工程的验收划分为以下几个阶段：机坑里衬组装、焊接后尺寸检查、吊入机坑调整完成后尺寸检查，接力器基础板安装尺寸检查。

1.7.5　涉及的强制性条文

1.7.5.1　NB 35074—2015《水电工程劳动安全与工业卫生设计规范》

第 4.1.3 条第 5 款　机械排水系统的水泵管路出水口高层低于下游校核洪水位时，必须在排水管上装设止回阀。

第 4.2.6 条　所有工作场所严禁采用明火取暖。蓄电池室、油罐室、油处理设备室严禁使用敞开式电热器取暖。

第 4.3.1 条第 5 款　保护导体必须有足够的截面和良好的电气连续性，严禁将金属水管、含有可燃性气体或液体的管道，以及正常使用中承受机械应力的导电部分用作保护导体。电气装置的外露可导电部分不得用作保护导体的串接过渡接点。

第 4.5.6 条　枢纽建筑物的掺气孔、通气孔、调压井，应在其孔口设置防护栏杆或设置钢筋网孔盖板，网孔就能防止人脚坠入。

1.7.5.2　GB/T 8564—2003《水轮发电机组安装技术规范》

第 3.2 条　发电机组及其附属设备的安装工程，除应执行本标准外，还应遵守国家及有关部门颁发的现行安全防护、环境保护、消防等规程的有关要求。

第 3.6 条　水轮发电机组安装所用的全部材料，应符合设计要求。对主要材料，必须有检验和出厂合格证明书。

第 3.7 条　安装场地应统一规划，并应符合下列要求。

a）安装场地应能防风、防雨、防尘。机组安装应在本机组段和相邻的机组段厂房屋顶封闭完成后进行。

b）安装场地的温度一般不低于 5℃，空气相对湿度不高于 85%；对温度、湿度和其他特殊条件有要求的设备、部件的安装按设计规定执行。

c）施工现场应有足够的照明。

d）施工现场必须具有符合要求的施工安全防护设施。放置易燃、易爆物品的场所，必须有相应的安全规定。

e）应文明生产，安装设备、工器具和施工材料堆放整齐，场地保持清洁，通道畅通，工完场清。

第 4.14 条　机组及其附属设备的焊接应符合下列要求。

a）参加机组及其附属设备各部件焊接的焊工应按 DL/T 679《焊工技术考核规程》或制造厂规定的要求进行定期专项培训和考核，考试合格后持证上岗。

b）所有焊接焊缝的长度和高度应符合图纸要求，焊接质量应按设计图纸要求进行检验。

c）对于重要部件的焊接，应按焊接工艺评定后制定的焊接工艺程序或制造厂规定的焊接工艺规程进行。

第 4.17 条 水轮发电机组的部件组装和总装配时，以及安装后都必须保持清洁，机组安装后必须对机组内、外部仔细清扫和检查，不允许有任何杂物和不清洁之处。

1.7.5.3 DL 5162—2013《水电水利工程施工安全防护设施技术规范》

第 4.1.2 条 进入施工现场的工作人员，必须按规定佩戴安全帽和使用其他相应的个体防护用品。从事特种作业的人员，必须持有政府主管部门核发的操作证，并配备相应的安全防护用品。

第 4.1.4 条 施工现场的洞（孔）、井、坑、升降口、漏斗口等危险处，应有防护设施和明显标志。

第 4.2.1 条 高处作业面的临空边沿，必须设置安全防护栏杆。

第 4.2.5 条 脚手架作业面高度超过 3.2m 时，临边必须挂设水平安全网，还应在脚手架外侧挂立网封闭。脚手架的水平安全网必须随建筑物升高而升高，安全网距离工作面的最大高度不得超过 3m。

1.7.6 成品示范

机坑里衬吊装完成，如图 1-22 所示。机坑里衬安装完成，如图 1-23 所示。

图 1-22 机坑里衬吊装完成

图 1-23 机坑里衬安装完成

1.8 水轮机主轴、转轮安装

1.8.1 施工准备工作

1.8.1.1 技术准备

施工前进行图纸会审，并按照已批准的施工组织设计（施工方案）进行技术交底，明确施工方法及质量标准、安全环保措施等。

1.8.1.2 材料准备

破布、白布、凡士林、二硫化钼、螺栓紧固剂、平面厌氧胶、砂纸、精细油石、酒精、

清洗剂、铜皮等。

1.8.1.3　施工机具

安装机具：连轴螺栓拉伸工具、主轴、转轮吊具、施工扳手、脚手架等。

1.8.2　主轴、转轮安装一般工艺流程

主轴、转轮安装一般工艺流程，如图 1-24 所示。具体工艺流程参考设备厂家安装说明及现场实际。

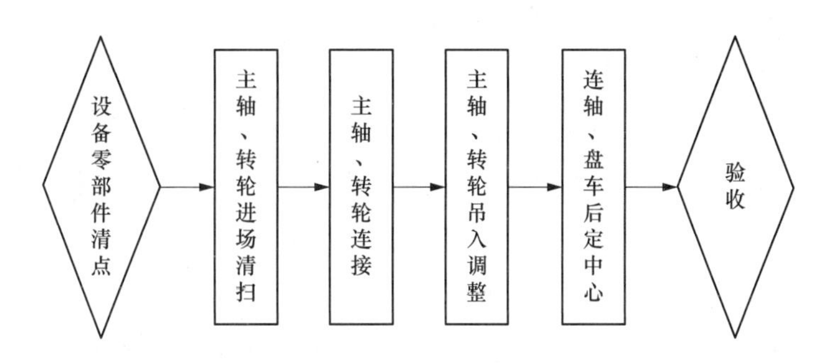

图 1-24　主轴、转轮安装一般工艺流程

1.8.3　主要施工工艺

1.8.3.1　转轮安装间就位、主轴清扫及补气管支撑法兰安装

进行转轮/水轮机轴联轴及同轴度测量。

(1) 转轮卸车就位于安装间工位。转轮运至安装间后，在转轮、主轴组装工位根据转轮下环直径圆，均匀摆放钢支墩，利用专用转轮吊装工具将转轮卸车，并吊到组装工位，用楔子板调平，然后清扫联轴平面，并用刮尺检查，无毛刺、高点。

(2) 水轮机主轴清扫。水轮机主轴运至安装间后，将其水平卸车，清扫干净、上油保护，对轴颈处用羊毛毡包裹保护。用油石修磨水轮机轴下法兰面上的高点和刮痕，用刀型尺检查表面光洁度。

(3) 补气管支撑法兰安装。主轴翻身竖轴前将支撑法兰按照图纸要求装入水机主轴转轮侧。

1.8.3.2　水轮机主轴、转轮在安装间连接

水轮机主轴与转轮联接螺栓，采用液压拉伸器预紧。在预紧时应注意采用成对对称、多次预紧的方式。

1.8.3.3　转轮和水轮机主轴吊入机坑安装、调整

主轴、转轮整体吊入前，根据基础环转轮支撑面的水平度，在基础环转轮支撑面沿圆周方向对称垫设铜皮，利用主轴整体起吊工具将水轮机轴/转轮整体吊离安装间地面、吊入机坑落至铜皮上。在桥机不受力的情况下，检查主轴法兰水平度及止漏环间隙，根据测量数据情况，确定调整方式，将主轴、转轮整体再次起升，使其脱离基础板面，并用框式水平仪检

查大轴上法兰水平，以此方式调整，直至大轴法兰面水平度达到厂家设计要求，拆除吊具。测量主轴垂直度，要求垂直度达到厂家设计要求。将主轴中心孔补气装置中的补气管从水轮机主轴的发电机侧装入主轴中心孔中，管法兰用螺栓安装在水轮机主轴上；安装完成后，根据厂家技术要求，进行耐压试验。

1.8.3.4 水轮发电机连轴及机组中心检查

（1）连轴前的检查及准备工作。在发电机转子吊入机坑，与下端轴连接、调整完成后，检查发电机轴与水轮机主轴的连接面止口部有无毛边、高点，确认二轴的对准标记是否对齐。利用架子管在顶盖上搭设一个工作平台，先将连轴螺栓及螺母吊放在顶盖及平台上。

（2）水轮发电机组连轴。

1）主轴、转轮整体提升、螺栓穿入。利用提升工具将主轴、转轮缓缓提起，均匀地让两轴法兰接近，在两者的止口将要对合前，在对称方向装上 4 个联轴螺栓，在螺栓上全面的涂覆一层薄薄的润滑剂（凡士林），并从水轮机侧向发电机轴侧提拉，一边确认表面间隙相等，一边慢慢地紧固螺栓，止口配合后通过进一步提伸导向螺栓对位两者精铰孔。组合面把合后，检查合缝面间隙，确认无间隙后，手动拧紧连接螺母，停止提升工具油压，再次检查组合面间隙。合格后，拆除提升工具，将其余螺栓逐个提拉，手动拧紧螺母。

2）连轴螺栓预紧。利用到货测长杆，测量铰制螺栓手动预紧状态下的长度，并做相应记录。测量后，利用水轮机轴和电机下端轴连接液压拉伸工具分数次，分别一组两件地紧固相对位置上的连接铰制螺栓，一直达到设计拉伸值为止。紧固后，用止动垫片进行固定。

1.8.3.5 水轮发电机组盘车及转轮中心确定

配合发电机进行水轮发电机组的整体盘车，以检查及调整轴线，确保各部位摆度满足要求。

盘车时测量转轮与上止漏环之间的间隙。

机组盘车及轴线调整好后，调整转动部分中心，将机组转动部分转轮与下止漏环处固定。转轮与下止漏环处用楔子板周向固定，上导和水导根据实际情况固定。

1.8.4 质量控制要求及指标

1.8.4.1 一般要求

（1）安装前应认真阅读，并熟悉制造厂的设计图纸、出厂检验记录和有关技术文件，并做出符合施工实际及合理的施工组织设计。

（2）主轴、转轮在安装前应进行全面清扫、检查，对重要部件的主要尺寸及配合公差应根据图纸要求，并对照出厂记录进行校核。

设备检查和缺陷处理应有记录和签证。对有缺陷的部位应处理后才能安装。

制造厂质量保证的整装到货设备在保证期内可不分解。

（3）主轴、转轮组合面应光洁无毛刺。合缝间隙用塞尺检查。

（4）部件的装配应注意配合标记。多台机组在安装时，每台机组应用标有同一系列标号的部件进行装配。

同类部件或测点在安装记录里的顺序编号，对固定部件，应从$+Y$开始，顺时针编号（从发电机端视，下同）；对转动部件，应从转子1号磁极的位置开始，除轴上盘车测点为逆时针编号外，其余均为顺时针编号；应注意制造厂的编号规定是否与上述一致。

（5）部件组装和总装配时及安装后都必须保持清洁，机组安装后必须对机组内、外部仔细清扫和检查，不允许有任何杂物和不清洁之处。

1.8.4.2　控制指标

控制指标见各项目安装质量检测标准。

1.8.4.3　质量验收

主轴、转轮安装工程的验收划分为以下几个阶段：主轴、转轮连接；主轴、转轮连轴螺栓拉伸；主轴、转轮整体吊入调整；机组盘车前、后检查。

1.8.5　涉及的强制性条文

1.8.5.1　NB 35074—2015《水电工程劳动安全与工业卫生设计规范》

第4.1.3条第5款　机械排水系统的水泵管路出水口高层低于下游校核洪水位时，必须在排水管上装设止回阀。

第4.2.6条　所有工作场所严禁采用明火取暖。蓄电池室、油罐室、油处理设备室严禁使用敞开式电热器取暖。

第4.3.1条第5款　保护导体必须有足够的截面和良好的电气连续性，严禁将金属水管、含有可燃性气体或液体的管道，以及正常使用中承受机械应力的导电部分用作保护导体。电气装置的外露可导电部分不得用作保护导体的串接过渡接点。

第4.5.6条　枢纽建筑物的掺气孔、通气孔、调压井，应在其孔口设置防护栏杆或设置钢筋网孔盖板，网孔应能防止人脚坠入。

1.8.5.2　GB/T 8564—2003《水轮发电机组安装技术规范》

第3.2条　发电机组及其附属设备的安装工程，除应执行本标准外，还应遵守国家及有关部门颁发的现行安全防护、环境保护、消防等规程的有关要求。

第3.6条　水轮发电机组安装所用的全部材料，应符合设计要求。对主要材料，必须有检验和出厂合格证明书。

第3.7条　安装场地应统一规划，并应符合下列要求。

a）安装场地应能防风、防雨、防尘。机组安装应在本机组段和相邻的机组段厂房屋顶封闭完成后进行。

b）安装场地的温度一般不低于5℃，空气相对湿度不高于85%；对温度、湿度和其他特殊条件有要求的设备、部件的安装按设计规定执行。

c）施工现场应有足够的照明。

d）施工现场必须具有符合要求的施工安全防护设施。放置易燃、易爆物品的场所，必须有相应的安全规定。

e）应文明生产，安装设备、工器具和施工材料堆放整齐，场地保持清洁，通道畅通，工完场清。

第 4.11 条 现场制造的承压设备及连接件进行强度耐水压试验时，试验压力为 1.5 倍额定工作压力，但最低压力不得小于 0.4MPa，保持 10min，无渗漏及裂纹等异常现象。

设备及其连接件进行严密性耐压试验时，试验压力为 1.25 倍实际工作压力，保持 30min，无渗漏现象；进行严密性试验时，试验压力为实际工作压力，保持 8h，无渗漏现象。

第 4.17 条 水轮发电机组的部件组装和总装配时及安装后都必须保持清洁，机组安装后必须对机组内、外部仔细清扫和检查，不允许有任何杂物和不清洁之处。

1.8.5.3 DL 5162—2013《水电水利工程施工安全防护设施技术规范》

第 4.1.2 条 进入施工现场的工作人员，必须按规定佩戴安全帽和使用其他相应的个体防护用品。从事特种作业的人员，必须持有政府主管部门核发的操作证，并配备相应的安全防护用品。

第 4.1.4 条 施工现场的洞（孔）、井、坑、升降口、漏斗口等危险处，应有防护设施和明显标志。

第 4.2.1 条 高处作业面的临空边沿，必须设置安全防护栏杆。

第 4.2.5 条 脚手架作业面高度超过 3.2m 时，临边必须挂设水平安全网，还应在脚手架外侧挂立网封闭。脚手架的水平安全网必须随建筑物升高而升高，安全网距离工作面的最大高度不得超过 3m。

1.8.6 成品示范

转轮连轴法兰面检查，如图 1-25 所示。主轴、转轮整体吊装，如图 1-26 所示。

图 1-25 转轮连轴法兰面检查

图 1-26 主轴、转轮整体吊装

1.9 导水机构组装及安装

1.9.1 施工准备工作

1.9.1.1 技术准备

施工前进行图纸会审，并按照已批准的施工组织设计（施工方案）进行技术交底，明确施工方法及质量标准、安全环保措施等。

1.9.1.2 材料准备

破布、白布、凡士林、二硫化钼、螺栓紧固剂、平面厌氧胶、砂纸、精细油石、酒精、清洗剂、磨光片及抛光片、氧气、乙炔等。

1.9.1.3 施工机具

(1) 安装机具：求心器、底环、顶盖吊装工具、手拉葫芦、千斤顶、丝锥、钻头、铰刀、磁力钻、卸扣、吊环、导叶间隙调整工具、施工扳手、脚手架等。

(2) 测量机具：内径千分尺、水准仪、钢卷尺、百分表、深度千分尺等。

1.9.2 导水机构安装一般工艺流程

导水机构安装一般工艺流程，如图 1-27 所示。具体工艺流程参考设备厂家安装说明及现场实际。

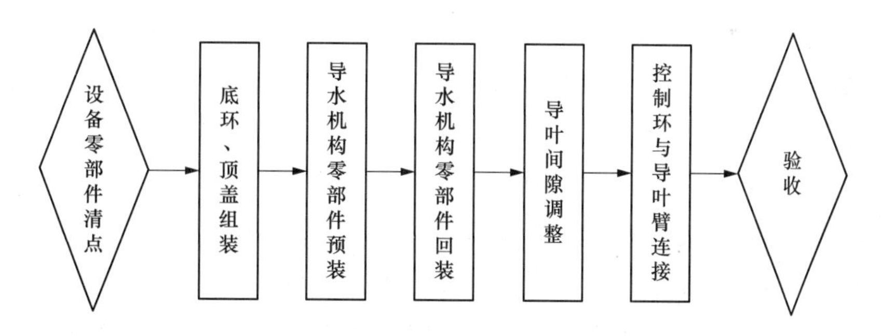

图 1-27 导水机构安装一般工艺流程

1.9.3 主要施工工艺

1.9.3.1 底环、顶盖组装、导叶清扫、检查

在安装间顶盖、转轮组装工位进行底环与顶盖的组装工作，以底环、顶盖直径为地样圆，分别沿圆周布置钢支墩，钢支墩在靠近组合缝两侧各布置一个，每瓣底环、顶盖中部布置一个，支墩上放置成对楔子板，楔子板搭接长度在 2/3 以上，调整各楔子板顶部高程基本一致，同时准备千斤顶用于组装时的调整。导叶清扫完毕，测量高度、轴径大小，并与出厂值比较。

1.9.3.2　导水机构预装

（1）底环、顶盖组装。

1）底环、顶盖进场清扫。分瓣的底环、顶盖拉入厂房后，对各瓣整体认真清扫、检查，清除表面油渍、污垢及锈斑等，对底环、顶盖上的所有螺孔用相应规格丝锥过一遍。用细砂纸或油光锉去除组合面上的毛刺，找出 X、Y 轴线标记及厂内预装编号，并用记号笔或钢字码明显标记。检查校核主要配合尺寸，并与图纸比较。

将顶盖和底环组合螺栓及销钉清洗干净后，在组合面上试配相对应的圆柱销，确保圆柱销与销孔相配，合格后标上记号以备顶盖、底环的组装。

2）底环组装。安装底环吊具，吊装 1/2 瓣底环于支墩上，用千斤顶和楔子板调整底环水平合格，按装配标记吊装相邻 1/2 瓣底环，调整高度及水平相当后，将组合面清洗干净，并涂上密封胶，然后通过临时螺栓轻轻拉近，检查并调整组合面两销钉孔的错牙符合要求后，穿入定位销钉，然后安装其余组合螺栓并预把紧，通过水准仪＋测微仪检查底环水平，用内径千分尺检查底环止漏环圆度，满足要求后按厂家提供的液压扳手对称均匀把紧组合螺栓以达到设计预紧力要求。组装后再次用塞尺检查组合缝间隙应满足 GB/T 8564《水轮发电机组安装技术规范》规范要求，检查底环底端加工面和抗磨板面均不得有错牙，否则应松开组合螺栓重新调整，直至满足设计和规范要求；检查止漏环圆度及相关配合尺寸，并与图纸比较。对底环上检查点（均分 16 点）做明显标记，以便吊入机坑后复查、调整底环的圆度和同心度。

3）顶盖组装。根据厂家图纸提供起吊点用千斤顶和楔子板调整顶盖水平至合格，将组合面清洗干净，并涂上密封胶，在密封槽内涂上凡士林，按图纸要求安装 O 形密封圈，通过桥机、葫芦和千斤顶调整组合面方位、高低一致，检查并调整组合面两销钉孔的错牙符合要求后，穿入定位销钉，安装其余组合螺栓，并初步预把紧。

通过千斤顶配合楔子板调整顶盖水平，用水准仪＋测微仪检查控制顶盖整体水平合格；测量组合成整体的顶盖主要配合尺寸，并与图纸比较，并做好记录。

满足要求后，根据厂家提供的液压拉伸工具对称均匀把紧组合螺栓，以达到设计预紧力要求，在螺栓最终把紧后对顶盖组装检查尺寸项目再次进行复测，并做好记录。

（2）底环、顶盖、导叶预装。

1）底环预装。彻底清扫机坑内座环表面的灰尘、铁锈、油污、焊渣及机加工铁屑等杂物，确保底环安装工作面干净、整洁，试配全部底环安装螺孔，确保螺栓能顺利拆装；在座环下密封槽安装 O 形密封圈。

安装吊具吊起底环，并调整水平后，将底环缓缓吊放在基础环板法兰面上，调整底环的轴线与基础环上的 X、Y 基准对正，在座环法兰上方架设求心器，悬挂钢琴线，以座环上镗口为基准调整求心器使钢琴线处于中心位置，测量、调整底环止漏环与座环上镗口的同心度合格，止漏环圆度、底环水平合格，并做好记录。合格后，根据厂家工艺要求对称打紧全部

螺栓。

2）导叶吊装。将 1/2 或全部导叶参加预装工作，预留轴线位置的 4 个导叶孔作为上、下轴套的同轴度测量孔。在底环铜套内涂抹黄油，利用厂房桥机和导链按编号及大小头方向将参加预装的导叶全部吊入底环铜套内。检查导叶下轴颈与底环的配合情况，导叶应转动灵活。预装导叶就位后，将导叶上轴颈清洗干净，进行顶盖吊装准备。

3）顶盖预装。顶盖吊装前再次彻底清扫机坑内（包括座环法兰面、水机室进人门，导叶上轴颈及上端面）杂物，确保顶盖安装工作面干净、整洁，试配全部顶盖安装螺孔，确保螺栓能顺利拆装。

顶盖吊装用专用吊具和钢丝绳，顶盖调整水平后，缓缓落至座环法兰面上，解除顶盖吊装钢丝绳。下落过程由多人在顶盖上、下区域检查，防止顶盖卡住及杂物落入座环法兰面。

顶盖吊入机坑就位后，用千斤顶进行调整，使顶盖 X、Y 轴线与座环上的轴线对齐，偏差方向要求底环的偏差方向一致，然后进行以下检查工作：检查顶盖与座环上法兰面间隙、导叶活动是否转动灵活、导叶垂直度、导叶端部总间隙，各导叶两端的大头与小头间隙要均匀一致、导叶两端的大头与小头间隙不允许出现有规律性的倾倒，并保证导叶转动灵活，否则要周向调整顶盖、顶盖与底环同轴度。

根据以上检查情况，在顶盖上方架设求心器，悬挂钢琴线，测量、调整顶盖止漏环与底环止漏环的同心度、止漏环圆度。同时，在轴线上未安装导叶的 4 个轴孔位置的顶盖孔上采用挂钢琴线法，用内径千分尺测量活动导叶上、下轴套的同心度，以此校核顶盖与底环的同心度和中心。合格后，对称打紧一半座环组合螺栓。螺栓打紧后，再次测量复查上述检查项目，并做记录。

4）钻铰销钉孔、顶盖吊出机坑。上述调整检查合格后，按图纸要求对称均布钻铰顶盖定位锥销孔，钻孔时注意钻孔深度，一边钻一边用深度尺测量，钻铰用力缓慢，并用机油作为润滑剂。钻铰完后，清扫干净杂物。钻铰后预装锥销，应满足设计要求。用液压拉伸器松开顶盖与座环的把合螺栓和销钉，然后利用桥机缓缓、平稳、水平地将顶盖吊出，底部用千斤顶辅助保持水平。吊出全部预装导叶，按照图纸要求钻铰底环与基础环的定位销孔。至此，导水机构预装完成。

1.9.3.3　导水机构安装

（1）活动导叶安装。清扫干净底环及轴套，将底环抗磨板安装就位，并对底环导叶轴套内涂抹一层凡士林，利用导叶专用工具根据导叶编号及水流方向将活动导叶吊至底环轴套内，并调整活动导叶开度，便于端面间隙调整测量。

（2）顶盖安装。顶盖吊装前，在座环密封槽安装 O 形密封、在导叶轴颈及顶盖轴套内涂抹一层凡士林，利用桥机将顶盖吊起，水平找正后，按预装位置将顶盖平稳落至导叶上方，对准座环中心及导叶轴颈，将顶盖吊至座环上。当导叶轴头从中轴套伸出来时，在每只导叶轴头上套入导叶 V 形座、V 形密封圈及导叶 V 形挡圈，将导叶 V 形座组装到每个中轴套上。

顶盖吊至安装位置后检查销钉孔，打入销钉，同时对称将连接螺栓手动临时拧紧，然后再将剩余的螺栓全数拧紧。拧紧后测定抗磨板之间尺寸，检查顶盖与转轮止漏环间隙、与座环法兰面间隙。

顶盖与座环连接螺母拧紧后，在导叶上部轴承部与中间轴承部位覆盖塑料薄膜，防止灰尘附着，并检查V形密封圈有无异常。用液压扳手扭紧顶盖与座环连接螺栓。把紧后，检查导叶端部间隙及座环上法兰面组合缝间隙、测量转轮与顶盖止漏环间隙。

（3）导叶止推压板、导叶臂、摩擦装置、端盖安装。导叶传动部分具有零部件多、安装精度高的特点。安装前应认真检查到货数量及规格，如发现设备缺陷及时反馈设备厂家，做出相应处理。导叶止推压板、导叶臂、摩擦装置、端盖及相关附件的清扫应在主轴、转轮安装期间进行。

按照图纸要求相关尺寸及编号，采用从下至上的安装顺序，依次装入导叶止推压板、导叶臂、端盖，并按照厂家设计的力矩要求预紧螺栓；导叶臂与摩擦装置也可在清扫、检查完毕后插入圆柱销组装为一体，整体吊入机坑安装。

（4）导叶端面间隙调整。导叶端面间隙调整前，利用压缩空气认真清扫导叶端面间隙处，测量导叶端面总间隙，并做好相应记录。根据每个导叶的测量结果，利用导叶提升螺栓，逐个调整端面间隙，直至满足设计要求，调整期间保证通信设备语音畅通，以确保调整精度。导叶端部间隙调整合格后，检查分瓣键槽应无错位，然后将定位键打入导叶轴颈与拐臂之间的键槽内。再次复测导叶端部间隙应满足设计要求。

（5）导叶立面间隙调整。用钢丝绳和导链在导叶中部位置将导叶预捆紧，然后用铜棒轻敲导叶，采用边敲击、边拉紧的方法使导叶立面间隙靠严，处于全关状态。在导叶捆紧的条件下，用塞尺检查导叶关闭时的立面间隙，应满足图纸设计要求。

（6）控制环组装、安装、与导叶臂连接。控制环组装前，沿圆周方向摆放钢支墩，并在钢支墩上摆放用于调平的楔形板。吊装1/2瓣于钢支墩上，用千斤顶和楔子板调整控制环水平至合格，合格后按装配标记吊装相邻1/2瓣控制环，调整高度及水平相当后，将组合面清洗干净，并涂上密封胶，然后通过临时组装螺栓轻轻拉近，检查并调整组合面两销钉孔的错牙符合要求后，穿入定位销钉，然后安装其余组合螺栓并预把紧，通过水准仪检查控制环水平、用内径千分尺检查控制环抗磨面圆度，满足要求后对称均匀把紧组合螺栓以达到设计预紧力要求，组装后再次用塞尺检查组合缝间隙应满足GB/T 8564《水轮发电机组安装技术规范》规范要求；检查控制底端摩擦面和内圆抗磨板面均不得有错牙，满足设计和规范要求。

控制环组装完毕后，利用主厂房桥机，将控制环按轴线方向吊至安装位置。根据控制环抗磨板周向间隙调整控制环中心、方位。考虑到接力器的吊装空间有限，控制环可在接力器吊入机坑后，进行控制环的吊装。

连接前，首先检查拐臂和控制环同连杆连接处的平面高差。当两端高低相差较大时，应修整连杆上的轴套或加垫片。用偏心销调整安装连杆，连杆安装好后应保持水平。

1.9.4 质量控制要求及指标

1.9.4.1 一般要求

（1）安装前应认真阅读，并熟悉制造厂的设计图纸、出厂检验记录和有关技术文件，并做出符合施工实际及合理的施工组织设计。

（2）设备在安装前应进行全面清扫、检查，对重要部件的主要尺寸及配合公差应根据图纸要求，并对照出厂记录进行校核。

设备检查和缺陷处理应有记录和签证。对有缺陷的部位应处理后才能安装。

制造厂质量保证的整装到货设备在保证期内可不分解。

（3）设备组合面应光洁无毛刺。合缝间隙用塞尺检查。

（4）部件的装配应注意配合标记。多台机组在安装时，每台机组应用标有同一系列标号的部件进行装配。

同类部件或测点在安装记录里的顺序编号，对固定部件，应从 $+Y$ 开始，顺时针编号（从发电机端视，下同）；对转动部件，应从转子 1 号磁极的位置开始，除轴上盘车测点为逆时针编号外，其余均为顺时针编号；应注意制造厂的编号规定是否与上述一致。

（5）有预紧力要求的连接螺栓，其预应力偏差不超过规定值的±10％。

安装细牙连接螺栓时，螺纹应涂润滑剂；连接螺栓应分次均匀紧固；采用热态拧紧的螺栓，紧固后应在室温下抽查 20％左右螺栓的预紧度。

各部件安装定位后，应按设计要求钻铰销钉孔，并配装销钉。

螺栓、螺母、销钉均应按设计要求锁定牢固。

（6）部件组装和总装配时及安装后都必须保持清洁，机组安装后必须对机组内、外部仔细清扫和检查，不允许有任何杂物和不清洁之处。

1.9.4.2 控制指标

控制指标见各项目安装标准。

1.9.4.3 质量验收

导水机构安装工程的验收划分为以下几个阶段：底环、顶盖组装；导水机构预装；导水机构回装；导叶端面、立面间隙调整。

1.9.5 涉及的强制性条文

1.9.5.1 NB 35074—2015《水电工程劳动安全与工业卫生设计规范》

第 4.1.3 条第 5 款 机械排水系统的水泵管路出水口高层低于下游校核洪水位时，必须在排水管上装设止回阀。

第 4.2.6 条 所有工作场所严禁采用明火取暖。蓄电池室、油罐室、油处理设备室严禁使用敞开式电热器取暖。

第4.3.1条第5款 保护导体必须有足够的截面和良好的电气连续性，严禁将金属水管、含有可燃性气体或液体的管道，以及正常使用中承受机械应力的导电部分作用保护导体。电气装置的外露可导电部分不得用作保护导体的串接过渡接点。

第4.5.6条 枢纽建筑物的掺气孔、通气孔、调压井，应在其孔口设置防护栏杆或设置钢筋网孔盖板，网孔应能防止人脚坠入。

1.9.5.2 GB/T 8564—2003《水轮发电机组安装技术规范》

第3.2条 发电机组及其附属设备的安装工程，除应执行本标准外，还应遵守国家及有关部门颁发的现行安全防护、环境保护、消防等规程的有关要求。

第3.6条 水轮发电机组安装所用的全部材料，应符合设计要求。对主要材料，必须有检验和出厂合格证明书。

第3.7条 安装场地应统一规划，并应符合下列要求。

a）安装场地应能防风、防雨、防尘。机组安装应在本机组段和相邻的机组段厂房屋顶封闭完成后进行。

b）安装场地的温度一般不低于5℃，空气相对湿度不高于85%；对温度、湿度和其他特殊条件有要求的设备、部件的安装按设计规定执行。

c）施工现场应有足够的照明。

d）施工现场必须具有符合要求的施工安全防护设施。放置易燃、易爆物品的场所，必须有相应的安全规定。

e）应文明生产，安装设备、工器具和施工材料堆放整齐，场地保持清洁，通道畅通，工完场清。

第4.11条 现场制造的承压设备及连接件进行强度耐水压试验时，试验压力为1.5倍额定工作压力，但最低压力不得小于0.4MPa，保持10min，无渗漏及裂纹等异常现象。

设备及其连接件进行严密性耐压试验时，试验压力为1.25倍实际工作压力，保持30min，无渗漏现象；进行严密性试验时，试验压力为实际工作压力，保持8h，无渗漏现象。

第4.17条 水轮发电机组的部件组装和总装配时及安装后都必须保持清洁，机组安装后必须对机组内、外部仔细清扫和检查，不允许有任何杂物和不清洁之处。

1.9.5.3 DL 5162—2013《水电水利工程施工安全防护设施技术规范》

第4.1.2条 进入施工现场的工作人员，必须按规定佩戴安全帽和使用其他相应的个体防护用品。从事特种作业的人员，必须持有政府主管部门核发的操作证，并配备相应的安全防护用品。

第4.1.4条 施工现场的洞（孔）、井、坑、升降口、漏斗口等危险处，应有防护设施和明显标志。

第4.2.1条 高处作业面的临空边沿，必须设置安全防护栏杆。

第4.2.5条 脚手架作业面高度超过3.2m时，临边必须挂设水平安全网，还应在脚手

架外侧挂立网封闭。脚手架的水平安全网必须随建筑物升高而升高，安全网距离工作面的最大高度不得超过 3m。

1.9.6　成品示范

底环组装，如图 1-28 所示。底环机坑内测量，如图 1-29 所示。顶盖清扫，如图 1-30 所示。顶盖组装完成，如图 1-31 所示。

图 1-28　底环组装

图 1-29　底环机坑内测量

图 1-30　顶盖清扫

图 1-31　顶盖组装完成

1.10　水轮机导叶接力器安装

1.10.1　施工准备工作

1.10.1.1　技术准备

施工前进行图纸会审，并按照已批准的施工组织设计（施工方案）进行技术交底，明确施工方法及质量标准、安全环保措施等。

1.10.1.2　材料准备

破布、白布、凡士林、二硫化钼、螺栓紧固剂、平面厌氧胶、砂纸、精细油石、酒精、清洗剂、塑料布等。

1.10.1.3　施工机具

（1）安装机具：手拉葫芦、千斤顶、吊环、施工扳手、磁力钻、滤油机、高压油泵等。

（2）测量机具：内径千分尺、钢卷尺、水准仪、百分表等。

1.10.2　导叶接力器安装一般工艺流程

导叶接力器安装一般工艺流程，如图1-32所示。具体工艺流程参考设备厂家安装说明及现场实际。

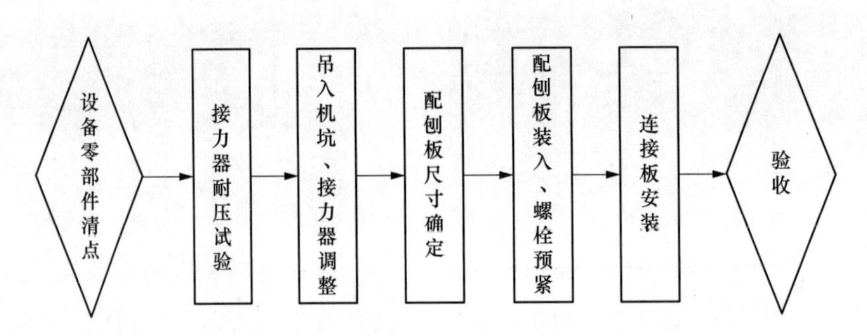

图1-32　导叶接力器安装一般工艺流程

1.10.3　主要施工工艺

1.10.3.1　接力器耐压试验

接力器安装吊入前，在接力器底部垫设木方。准备试验所需的油泵、接头及方形法兰等工器具。根据图纸设计要求进行接力器耐压试验，并测量活塞行程。

1.10.3.2　接力器吊入调整、配刨板尺寸确定

吊入前，首先对接力器基础板检查，并打磨平整，然后两个接力器分别吊放在专用工装上进行调整；调整控制环开度至中间位置，拉出接力器活塞行程至50%，调整接力器水平、高程、接力器头至控制环距离达到设计要求后，临时固定接力器；测量此时接力器底座与基础板之间的距离，根据测量结果配刨调整垫板。

1.10.3.3　配刨板装入、螺栓预紧、配钻销钉孔

将配刨好的调整垫板加入接力器底座与基础板之间，按要求的力矩把紧连接螺栓，并钻铰定位销钉孔，打入销钉。

1.10.3.4　接力器与控制环连板安装

接力器安装完毕，利用导链、千斤顶将控制环调整至与接力器能连接的位置，在接力器连板连接之前，应检查连板连接的两个面的高程差。当高程差调整合格后，导叶用钢丝绳捆紧，控制环置于正确的全关位置，同时，拐臂、拐臂连杆与控制环都已装配好，控制两个接力器的活塞处于全关位置时，开始连接接力器与控制环连板。为防止大量漏水，按照厂家给定数值调整接力器的压紧行程。

1.10.4　质量控制要求及指标

1.10.4.1　一般要求

（1）安装前应认真阅读，并熟悉制造厂的设计图纸、出厂检验记录和有关技术文件，并做出符合施工实际及合理的施工组织设计。

（2）导叶接力器安装前应进行全面清扫、检查，对重要部件的主要尺寸及配合公差应根据图纸要求，并对照出厂记录进行校核。

设备检查和缺陷处理应有记录和签证。对有缺陷的部位应处理后才能安装。

在厂家指导下进行拆洗或在工厂进行封盖前见证。

（3）设备组合面应光洁无毛刺。合缝间隙用塞尺检查。

（4）接力器试验及安装都必须保持缸体内清洁，不允许有任何杂物和不清洁之处。

1.10.4.2　质量验收

导水接力器安装工程的验收划分为以下几个阶段：耐压试验；预装配刨板尺寸确定，正式安装调整。

1.10.5　涉及的强制性条文

1.10.5.1　NB 35074—2015《水电工程劳动安全与工业卫生设计规范》

第4.1.3条第5款　机械排水系统的水泵管路出水口高层低于下游校核洪水位时，必须在排水管上装设止回阀。

第4.2.6条　所有工作场所严禁采用明火取暖。蓄电池室、油罐室、油处理设备室严禁使用敞开式电热器取暖。

第4.3.1条第5款　保护导体必须有足够的截面和良好的电气连续性，严禁将金属水管、含有可燃性气体或液体的管道，以及正常使用中承受机械应力的导电部分用作保护导体。电气装置的外露可导电部分不得用作保护导体的串接过渡接点。

第4.5.6条　枢纽建筑物的掺气孔、通气孔、通压井、应在其孔口设置防护栏杆或设置钢筋网孔盖板，网孔应能防止人脚坠入。

1.10.5.2　GB/T 8564—2003《水轮发电机组安装技术规范》

第3.2条　发电机组及其附属设备的安装工程，除应执行本标准外，还应遵守国家及有关部门颁发的现行安全防护、环境保护、消防等规程的有关要求。

第3.6条　水轮发电机组安装所用的全部材料，应符合设计要求。对主要材料，必须有检验和出厂合格证明书。

第3.7条　安装场地应统一规划，并应符合下列要求。

a）安装场地应能防风、防雨、防尘。机组安装应在本机组段和相邻的机组段厂房屋顶封闭完成后进行。

b）安装场地的温度一般不低于5℃，空气相对湿度不高于85%；对温度、湿度和其他特殊条件有要求的设备、部件的安装按设计规定执行。

c）施工现场应有足够的照明。

d）施工现场必须具有符合要求的施工安全防护设施。放置易燃、易爆物品的场所，必须有相应的安全规定。

e）应文明生产，安装设备、工器具和施工材料堆放整齐，场地保持清洁，通道畅通，工完场清。

第4.11条 现场制造的承压设备及连接件进行强度耐水压试验时，试验压力为1.5倍额定工作压力，但最低压力不得小于0.4MPa，保持10min，无渗漏及裂纹等异常现象。

设备及其连接件进行严密性耐压试验时，试验压力为1.25倍实际工作压力，保持30min，无渗漏现象；进行严密性试验时，试验压力为实际工作压力，保持8h，无渗漏现象。

第4.17条 水轮发电机组的部件组装和总装配时及安装后都必须保持清洁，机组安装后必须对机组内、外部仔细清扫和检查，不允许有任何杂物和不清洁之处。

1.10.5.3 DL 5162—2013《水电水利工程施工安全防护设施技术规范》

第4.1.2条 进入施工现场的工作人员，必须按规定佩戴安全帽和使用其他相应的个体防护用品。从事特种作业的人员，必须持有政府主管部门核发的操作证，并配备相应的安全防护用品。

1.10.6 成品示范

接力器固定板安装位置确定，如图1-33所示。接力器安装完成，如图1-34所示。

图1-33 接力器固定板安装位置确定

图1-34 接力器安装完成

1.11 水轮机主轴密封及水导轴承安装

1.11.1 施工准备工作

1.11.1.1 技术准备

施工前进行图纸会审，并按照已批准的施工组织设计（施工方案）进行技术交底，明确

施工方法及质量标准、安全环保措施等。

1.11.1.2　材料准备

破布、白布、凡士林、二硫化钼、螺栓紧固剂、平面厌氧胶、砂纸、精细油石、酒精、清洗剂、塑料布等。

1.11.1.3　施工机具

(1) 安装机具：手拉葫芦、千斤顶、吊环、施工扳手、磁力钻、滤油机等。

(2) 测量机具：内径千分尺、百分表等。

1.11.2　主轴密封、水导轴承安装一般工艺流程

主轴密封、水导轴承安装一般工艺流程，如图1-35所示。具体工艺流程参考设备厂家安装说明及现场实际。

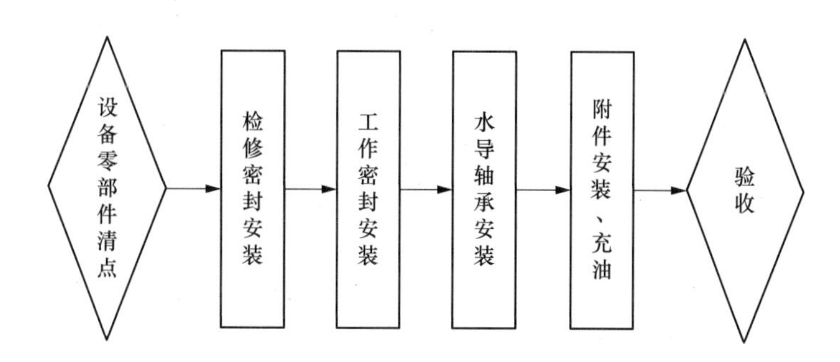

图1-35　主轴密封、水导轴承安装一般工艺流程

1.11.3　主要施工工艺

1.11.3.1　主轴密封及水导轴承零部件预存

根据施工进度，在发电机下端轴、下机架吊入机坑前将主轴密封、水导轴承分瓣件及附件吊入机坑预存。主轴密封及水导轴承零部件具有数量多、安装精度高的特点。安装前应认真检查到货数量及规格，如发现设备缺陷及时反馈设备厂家，做出相应处理。设备零部件运至清扫工位后摆放整齐，并对螺栓把合部位垫设木方。利用煤油清扫，检查法兰面及部件配合面有无高点、毛刺、刮痕、锈迹，并对所有螺栓孔进行攻丝检查，对于法兰面缺陷部位采用抛光片、油光锉进行修磨处理，对于精加工面采用1200号以上砂纸修磨处理。

部件预存过程应充分考虑设备分瓣、尺寸、重量及安装前后顺序，轴线位置，以及是否对机组盘车不便等因素。

1.11.3.2　检修密封安装

安装围带支撑，测定内径与主轴罩之间的间隙，确认安装没有异常（本步骤也可在顶盖、导水机构安装时进行，此时进行复查及校正，如无异常可不拆件）。检查确认围带内径与主轴套管的间隙合格且间隙均匀，安装完毕后利用压缩空气对检修密封进行投入和退出操

作试验，检查围带是否漏气，以及卸压后，围带回位是否正常，使检修密封得以自调整。安装围带压板之后，再次检查确认空气围带内径与主轴罩的间隙，应满足设计要求。

1.11.3.3　工作密封安装

主轴工作密封采用断面密封结构，抗磨板安装时上平面的水平应保证满足厂家设计要求，防止机组运行时漏水量过大。

滑动环安装后，提起滑动环，松开外力后滑动环应能靠自重缓慢滑落；然后，安装恒压弹簧等部件。压紧弹簧时，应采用对称、多次拧紧螺栓的方式。

安装工作密封及供排水管路，所有分瓣面涂密封胶，所有螺栓螺母涂锁固胶，确认所有安装无误后，打定位销，对称拧紧螺栓（所有螺栓螺母涂锁固胶）。

最后安装水箱盖，注意水箱与上盖间密封圈的安装。由于空间限制，需要将内挡油圈在主轴密封水箱安装前组装，并悬挂起来。

水轮机主轴工作密封安装是水轮机安装的关键技术之一，大量的运行经验显示工作密封是最常出故障的部件，影响到机组的可利用率。现场应从技术上制定可靠的安装办法，工作上精益求精，确保主轴工作密封的安装质量，从以下几个方面把好质量关。

（1）抗磨环安装确保水平，抗磨环接缝处调整好无错台。

（2）密封环安装确保水平，接缝处无错台。

（3）密封环与抗磨环接触面、局部间隙满足要求。

1.11.3.4　水导轴承安装

（1）轴瓦间隙调整。按照图纸编号吊装水导瓦，放在规定位置。水轮机的瓦间隙调整必须在发电机的推力瓦、导向瓦的调整完成后进行。

准备6个千分表、4个呈十字安装在主轴上，间隙调整中，主轴不动。剩余的2个千分表在调整瓦的附近呈对角安装。用拧紧螺栓拧紧瓦时，轴心有时会产生变化。确认千分表的针不动，对角2根拧紧螺栓将瓦均匀拧紧在主轴上。

轴承间隙用楔子板来进行控制，不超过厂家设计值。在调整时，必须具备防止油槽内的异物混入、工具掉落、伤害防止的措施等。

（2）油箱的组装和安装。组装内挡油圈与轴承座，然后用千斤顶顶起与外油箱组装。

在油槽内注入煤油，放置8h以上，进行渗漏试验，确认油槽是否漏油。使用煤油过程中严禁用火，并且必须在附近准备灭火器。同时，进行轴承冷却管法兰部的密封试验。

进行上油箱的拼装，应注意合缝面$\phi6$橡胶密封圈的安装和螺纹锁固。然后安装上油箱。在安装之前，将水导油槽内彻底清理干净，然后在轴承支架法兰密封槽内，放入$\phi6$橡胶密封圈，检查推压余量，按照所定长度切断。当场进行黏合，用砂纸打平接合面的台阶。清扫法兰面后，填料槽内薄涂硅橡胶密封，安装圆形橡胶密封圈。

同样方式安装上油箱盖。

1.11.3.5　主轴密封及水导轴承附件安装及轴承充油

在进行轴承整体组装前先进行轴承油冷却器的耐压试验，确认铜管焊接部位等没有异常。

主轴密封及水导轴承安装期间，应特别注意相关测温、油位、位移传感器的安装，根据施工工序确定合理的安装时间。

轴承充油前，认真检查轴承内有无杂物，确定无误后，利用滤油机进行充油，完成后做好相关防护工作。

1.11.4　质量控制要求及指标

1.11.4.1　一般要求

（1）安装前应认真阅读，并熟悉制造厂的设计图纸、出厂检验记录和有关技术文件，并做出符合施工实际及合理的施工组织设计。

（2）主轴密封及水导轴承安装前应进行全面清扫、检查，对重要部件的主要尺寸及配合公差应根据图纸要求，并对照出厂记录进行校核。

设备检查和缺陷处理应有记录和签证。对有缺陷的部位应处理后才能安装。

制造厂质量保证的整装到货设备在保证期内可不分解。

（3）设备组合面应光洁无毛刺。合缝间隙用塞尺检查。

（4）部件的装配应注意配合标记。多台机组在安装时，每台机组应用标有同一系列标号的部件进行装配。

（5）部件组装和总装配时及安装后都必须保持清洁，机组安装后必须对机组内、外部仔细清扫和检查，不允许有任何杂物和不清洁之处。

1.11.4.2　质量验收

主轴密封及水导轴承安装工程的验收划分为以下几个阶段：检修密封安装；工作密封安装；水导轴承安装；轴瓦间隙调整。

1.11.5　涉及的强制性条文

1.11.5.1　NB 35074—2015《水电工程劳动安全与工业卫生设计规范》

第4.1.3条第5款　机械排水系统的水泵管路出水口高层低于下游校核洪水位时，必须在排水管上装设止回阀。

第4.2.6条　所有工作场所严禁采用明火取暖。蓄电池室、油罐室、油处理设备室严禁使用敞开式电热器取暖。

第4.3.1条第5款　保护导体必须有足够的截面和良好的电气连续性，严禁将金属水管、含有可燃性气体或液体的管道，以及正常使用中承受机械应力的导电部分作用保护导体。电气装置的外露可导电部分不得用作保护导体的串接过渡接点。

第4.5.6条　枢纽建筑物的掺气孔、通气孔、调压井，应在其孔口设置防护栏杆或设置钢筋网孔盖板，网孔应能防止人脚坠入。

1.11.5.2　GB/T 8564—2003《水轮发电机组安装技术规范》

第3.2条　发电机组及其附属设备的安装工程，除应执行本标准外，还应遵守国家及有关部门颁发的现行安全防护、环境保护、消防等规程的有关要求。

第3.6条　水轮发电机组安装所用的全部材料，应符合设计要求。对主要材料，必须有检验和出厂合格证明书。

第3.7条　安装场地应统一规划，并应符合下列要求。

a）安装场地应能防风、防雨、防尘。机组安装应在本机组段和相邻的机组段厂房屋顶封闭完成后进行。

b）安装场地的温度一般不低于5℃，空气相对湿度不高于85%；对温度、湿度和其他特殊条件有要求的设备、部件的安装按设计规定执行。

c）施工现场应有足够的照明。

d）施工现场必须具有符合要求的施工安全防护设施。放置易燃、易爆物品的场所，必须有相应的安全规定。

e）应文明生产，安装设备、工器具和施工材料堆放整齐，场地保持清洁，通道畅通，工完场清。

第4.11条　现场制造的承压设备及连接件进行强度耐水压试验时，试验压力为1.5倍额定工作压力，但最低压力不得小于0.4MPa，保持10min，无渗漏及裂纹等异常现象。

设备及其连接件进行严密性耐压试验时，试验压力为1.25倍实际工作压力，保持30min，无渗漏现象；进行严密性试验时，试验压力为实际工作压力，保持8h，无渗漏现象。

单个冷却器应按设计要求的试验压力进行耐水压试验，设计无规定时，试验压力一般为工作压力的2倍，但不低于0.4MPa，保持30min，无渗漏现象。

第4.12条　设备容器进行煤油渗漏试验时，至少保持4h，应无渗漏现象，容器做完渗漏试验后一般不宜再拆卸。

第4.15条　机组和调速系统所用汽轮机油的牌号应符合设计规定，各项指标符合GB 11120《涡轮机油》的规定，见附录F。

第4.17条　水轮发电机组的部件组装和总装配时及安装后都必须保持清洁，机组安装后必须对机组内、外部仔细清扫和检查，不允许有任何杂物和不清洁之处。

1.11.5.3　DL 5162—2013《水电水利工程施工安全防护设施技术规范》

第4.1.2条　进入施工现场的工作人员，必须按规定佩戴安全帽和使用其他相应的个体防护用品。从事特种作业的人员，必须持有政府主管部门核发的操作证，并配备相应的安全防护用品。

第 4.1.4 条　施工现场的洞（孔）、井、坑、升降口、漏斗口等危险处，应有防护设施和明显标志。

第 4.2.1 条　高处作业面的临空边沿，必须设置安全防护栏杆。

第 4.2.5 条　脚手架作业面高度超过 3.2m 时，临边必须挂设水平安全网，还应在脚手架外侧挂立网封闭。脚手架的水平安全网必须随建筑物升高而升高，安全网距离工作面的最大高度不得超过 3m。

1.11.6　成品示范

水导轴承安装完成，如图 1-36 和图 1-37 所示。主轴密封集水箱安装完成，如图 1-38 所示。主轴密封安装完成，如图 1-39 所示。

图 1-36　水导轴承安装完成（一）

图 1-37　水导轴承安装完成（二）

图 1-38　主轴密封集水箱安装完成

图 1-39　主轴密封安装完成

1.12　调速系统、油压装置安装及调试

1.12.1　施工准备工作

1.12.1.1　技术准备

施工前进行图纸会审，并按照已批准的施工组织设计（施工方案）进行技术交底，明确

施工方法及质量标准、安全环保措施等。

1.12.1.2 材料准备

破布、白布、凡士林、二硫化钼、螺栓紧固剂、平面厌氧胶、砂纸、精细油石、酒精、清洗剂、塑料布等。

1.12.1.3 施工机具

(1) 安装机具：手拉葫芦、千斤顶、吊环、施工扳手、液压弯管机、滤油机等。

(2) 测量机具：百分表、水准仪、全站仪、绝缘电阻表等。

1.12.2 调速系统、油压装置安装一般工艺流程

调速系统、油压装置安装一般工艺流程，如图 1-40 所示。具体工艺流程参考设备厂家安装说明及现场实际。

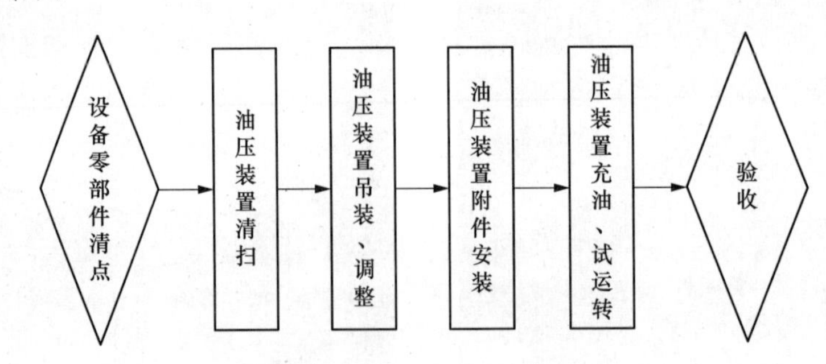

图 1-40 调速系统、油压装置安装一般工艺流程

1.12.3 主要施工工艺

1.12.3.1 施工准备

(1) 进行工作面的交接验收，按照机电安装的要求清理现场。

(2) 根据监理人提供的测量网点进行测量放点工作，建立准确的安装基准。

(3) 准备施工现场工器具，并进行检查，确保状况良好。

(4) 油压装置安装前，首先取得设计院和制造厂的有关安装图纸、安装说明书、设备出厂合格证、出厂检验记录、设备发货明细表等有关资料。熟悉有关图纸及技术文件，如设备零件图、安装图、安装说明书、设备出厂检验记录和设备到货明细表，确认设备数量、种类、规格无误。

(5) 管路、管件及阀门安装前，内部应清理干净。调速系统油管路必须严格清洗干净，用白布检查，不应有污垢。安装时应保证不落入脏物。

1.12.3.2 压力油罐、回油箱吊装、调整固定

根据厂家及设计图纸要求进行安装位置的放样，并做好相关详细的轴线标记。

利用厂内桥机将压力油罐及回油箱通过吊物孔吊至母线层，利用卷扬机拖至安装位置，利用设置在上方的锚钩吊起、落至基础埋件上，根据轴线标记，利用千斤顶、手拉葫芦进行调整中心、水平、高程，应满足规范要求，完成后浇筑二期混凝土。

1.12.3.3　附件及连接管路安装

（1）根据图纸要求、校验、安装压力表、压力开关、压力传感器、液位传感器、液位计、安全阀、油泵过滤器、卸载阀、止回阀、截止阀等附件。

（2）连接管路安装，按制造厂提供的图纸进行配置，管路的加工及安装、试验应符合 GB 50235《工业金属管道工程施工规范》的规定。管路预装后，负责组织吹扫和清洗工作，并在吹洗前编制吹洗方案，吹洗方案符合 GB 50235《工业金属管道工程施工规范》的规定，并填写管道系统吹扫及清洗记录。根据以下方法进行安装。

1）清洗设备及管路附件，安装设备与管路接口法兰，根据实测距离和设计图纸在安装现场切割下料，加工坡口。

2）根据图纸要求，合理布置管路支架、吊架，对接管路，调整管路水平度及垂直度，点焊固定，并分段编号。

3）系统管路焊接采用不锈钢氩弧焊。管路焊接完成后安装耐压试验接头，接入试验管路和试压泵，对所有管路分段、分批进行耐压试验，试验合格后对管路彻底清扫。

4）在对不锈钢管材内壁用低压风吹干管路后，分段、分批组装接上真空滤油机进行热油循环，循环油温保持在 75℃，连续 3h 以上取样化验，检测其水分、杂质等应满足 GB 11120《涡轮机油》。

5）系统管路按编号进行回装，仔细安装密封垫或密封圈，对称均匀把紧连接螺栓。

6）管路安装完成后进行防腐涂漆工作，涂漆前清理干净管路表面，无锈蚀、污物。涂层均匀完整，颜色一致，漆膜附着牢固，无剥落、皱褶、气泡等。

1.12.3.4　油压装置充油及试运转

（1）油压装置全部管路装配好后，利用滤油机向回油箱注入化验合格的汽轮机油，并核对液位开关的准确性，检查油压装置控制柜接线和回路的正确性，检查合格后方可通电调试。

油泵试运转，应符合下列规定：电动机的检查试验应符合规范的相关要求；油泵一般空载运行 1h，并分别在 25%、50%、75%、100%的额定压力下各运行 15min，应无异常现象；运行时，油泵外壳振动不应大于 0.05mm，轴承处外壳温度不应大于 60℃；在额定压力下，测量并记录油泵输油量（取 3 次平均值），不应小于设计值。

（2）压油装置各部件的调整，应符合下列规定：安全阀、工作油泵压力信号器和备用油泵压力信号器的调整，应符合规定，压力信号器的动作偏差不得超过额定值的±2%；安全阀动作时，应无剧烈振动和噪声；油压降低到事故低油压时，紧急停机的压力信号器应立即动作，其整定值应符合规定，其动作偏差不得超过整定值±2%；连续运转的油泵，其溢流阀的动作压力应符合设计要求；压油罐的自动补气装置及集油槽的油位发讯装置，应动作准确可靠；压油泵及漏油泵的启动和停止动作，应正确可靠，不得有反转现象。压油罐在工作压力下，油位处于正常位置时，关闭各连通阀门，保持 8h，油压下降值不应大于 0.15MPa，并记录油位下降值。

1.12.3.5 调速器充油及调试

（1）在现地手动操作开度限制机构提升主配压阀，向系统管路及接力器充油，缓慢操作接力器全关、全开运动，反复此过程，排除系统内空气，完成注油。注油压力一般不超过额定压力的50%，充油后对系统进行全面检查，无渗漏及异常。控制系统油压由50%、75%逐步升至额定压力。

（2）现地手动操作开、停机电磁阀，检查动作的灵活性，做开、关机试验，检查导叶开度指示与实际是否相符。

（3）整定接力器全关及全开时间。接力器全关时间由设计调节保证计算后给出，通过调整主配压阀限位螺栓，控制阀腔流量，整定接力器全关开时间，步骤如下。

1）用开度限制机构将接力器开至全开位置。

2）手动事故停机电磁阀进行紧急停机。

3）用秒表记录接力器全关的时间，为准确记录，可记录接力器由75%关至25%的时间再乘以2即得到全关时间，如实测值与设计值不符，应重新调整，直到达到设计值，最后连续做3次，取其平均值为接力器全关的时间。

4）开机时间按规范和厂家要求整定，并可在关机时间调整时一起完成。

5）时间调整好后，一定要把限位螺母上的锁定锁紧，以防松动。

1.12.4 质量控制要求及指标

1.12.4.1 一般要求

（1）安装前应认真阅读，并熟悉制造厂的设计图纸、出厂检验记录和有关技术文件，并做出符合施工实际及合理的施工组织设计。

（2）油压装置安装前应进行全面清扫、检查，对重要部件的主要尺寸及配合公差应根据图纸要求，并对照出厂记录进行校核。

设备检查和缺陷处理应有记录和签证。对有缺陷的部位应处理后才能安装。

制造厂质量保证的整装到货设备在保证期内可不分解。

（3）设备组合面应光洁无毛刺。合缝间隙用0.05mm塞尺检查，不能通过；允许有局部间隙，用0.10mm塞尺检查，深度不应超过组合面宽度的1/3，总长不应超过周长的20%；组合螺栓及销钉周围不应有间隙。组合缝处安装面错牙一般不超过0.10mm。

（4）部件的装配应注意配合标记。多台机组在安装时，每台机组应用标有同一系列标号的部件进行装配。

（5）设备组装时及安装后都必须保持清洁，安装后必须对机组内、外部仔细清扫和检查，不允许有任何杂物和不清洁之处。

1.12.4.2 质量验收

油压装置安装工程的验收划分为以下几个阶段：油压装置尺寸验收；附属管路组装前后检查，充油监控；油泵试运装。

1.12.5　涉及的强制性条文

1.12.5.1　NB 35074—2015《水电工程劳动安全与工业卫生设计规范》

第4.1.3条第5款　机械排水系统的水泵管路出水口高层低于下游校核洪水位时，必须在排水管上装设止回阀。

第4.2.6条　所有工作场所严禁采用明火取暖。蓄电池室、油罐室、油处理设备室严禁使用敞开式电热器取暖。

第4.3.1条第5款　保护导体必须有足够的截面和良好的电气连续性，严禁将金属水管、含有可燃性气体或液体的管道、以及正常使用中承受机械应力的导电部分用作保护导体。电气装置的外露可导电部分不得用作保护导体的串接过渡接点。

第4.5.6条　枢纽建筑物的掺气孔、通气孔、调压井，应在其孔口设置防护栏杆或设置钢筋网孔盖板，网孔应能防止人脚坠入。

1.12.5.2　GB/T 8564—2003《水轮发电机组安装规范》

第3.2条　发电机组及其附属设备的安装工程，除应执行本标准外，还应遵守国家及有关部门颁发的现行安全防护、环境保护、消防等规程的有关要求。

第3.6条　水轮发电机组安装所用的全部材料，应符合设计要求。对主要材料，必须有检验和出厂合格证明书。

第3.7条　安装场地应统一规划，并应符合下列要求。

a）安装场地应能防风、防雨、防尘。机组安装应在本机组段和相邻的机组段厂房屋顶封闭完成后进行。

b）安装场地的温度一般不低于5℃，空气相对湿度不高于85%；对温度、湿度和其他特殊条件有要求的设备、部件的安装按设计规定执行。

c）施工现场应有足够的照明。

d）施工现场必须具有符合要求的施工安全防护设施。放置易燃、易爆物品的场所，必须有相应的安全规定。

e）应文明生产，安装设备、工器具和施工材料堆放整齐，场地保持清洁，通道畅通，工完场清。

第4.11条　现场制造的承压设备及连接件进行强度耐水压试验时，试验压力为1.5倍额定工作压力，但最低压力不得小于0.4MPa，保持10min，无渗漏及裂纹等异常现象。

设备及其连接件进行严密性耐压试验时，试验压力为1.25倍实际工作压力，保持30min，无渗漏现象；进行严密性试验时，试验压力为实际工作压力，保持8h，无渗漏现象。

单个冷却器应按设计要求的试验压力进行耐水压试验，设计无规定时，试验压力一般为工作压力的2倍，但不低于0.4MPa，保持30min，无渗漏现象。

第4.12条　设备容器进行煤油渗漏试验时，至少保持4h，应无渗漏现象，容器做完渗

漏试验后一般不宜再拆卸。

第 4.15 条 机组和调速系统所用汽轮机油的牌号应符合设计规定，各项指标符合 GB 11120《涡轮机油》的规定，见附录 F。

第 4.17 条 水轮发电机组的部件组装和总装配时及安装后都必须保持清洁，机组安装后必须对机组内、外部仔细清扫和检查，不允许有任何杂物和不清洁之处。

1.12.5.3 DL 5162—2013《水电水利工程施工安全防护设施技术规范》

第 4.1.2 条 进入施工现场的工作人员，必须按规定佩戴安全帽和使用其他相应的个体防护用品。从事特种作业的人员，必须持有政府主管部门核发的操作证，并配备相应的安全防护用品。

第 4.1.4 条 施工现场的洞（孔）、井、坑、升降口、漏斗口等危险处，应有防护设施和明显标志。

第 4.2.1 条 高处作业面的临空边沿，必须设置安全防护栏杆。

第 4.2.5 条 脚手架作业面高度超过 3.2m 时，临边必须挂设水平安全网，还应在脚手架外侧挂立网封闭。脚手架的水平安全网必须随建筑物升高而升高，安全网距离工作面的最大高度不得超过 3m。

1.12.6 成品示范

调速器回油箱安装完成，如图 1-41 所示。调速器压力罐安装完成，如图 1-42 所示。调速器回油箱安装完成。如图 1-43 所示。

图 1-41 调速器回油箱安装完成

图 1-42 调速器压力罐安装完成

图 1-43　调速器回油箱安装完成

第二章　水轮发电机部分标准化施工工艺

2.1　编制依据

本手册在编写过程中，参考以下标准、规范及相关文件：

(1) GB 11120《涡轮机油》。

(2) GB 50231《机械设备安装工程施工及验收通用规范》。

(3) GB/T 8564《水轮发电机组安装技术规范》。

(4) DL/T 507《水轮发电机组启动试验规程》。

(5) DL/T 5113.3《水利水电基本建设工程单元工程质量等级评定标准　第3部分：水轮发电机组安装工程》。

(6) DL/T 5240《水轮发电机转子现场装配工艺导则》。

(7) DL/T 5420《水轮发电机定子现场装配工艺导则》。

(8) DL/T 679《焊工技术考核规程》。

(9) SL 668《水轮发电机组推力轴承、导轴承安装调整工艺导则》。

(10) SL 176《水利水电工程施工质量检验及评定规程》。

(11) 雅砻江公司《水电工程达标投产考核管理办法》(YLJ-PM-13)。

(12) 雅砻江公司《建设工程质量管理办法》(YLJ-PM-09)。

(13)《工程建设标准强制性条文电力工程部分》。

(14)《雅砻江公司×××水电站水轮发电机安装质量检测标准》。

在执行本手册时，全部水轮机发电机设备安装工作的检查、施工、调整、试验、验收应遵循制造厂有关技术文件规定，并符合上述国家和行业颁发的有关技术规范、规程和标准。本手册必须遵照执行现行技术规范。

2.2　适用范围

本手册适用于雅砻江流域各水电站发电机部分的施工过程控制，系统如下。

2.2.1　定子组装及安装

2.2.2　定子下线

2.2.3　转子组装及安装

2.2.4　推力机架组装及安装

2.2.5　推力轴承及导轴承安装

2.2.6　上机架组装及安装

2.2.7　机组轴线调整及发电机总装

2.3　一般规定

2.3.1　安装承包商应按照制造厂提供的图纸及有关技术文件进行施工。

2.3.2　安装承包商如对厂家说明书内容有不充分理解时，应与制造厂的安装工程师商定。

2.3.3　施工中，若制造厂技术文件出现错误，应严格按照制造厂正式修改后的设计修改通知书进行施工。

2.3.4　安装现场应具备的条件。

安装场地有足够的作业面积，保证进行大件预装和试验，并能存放大型工具和试验设备。

2.3.5　设备到货的验收与保管。

2.3.5.1　设备到工地后，必须按合同规定开箱检查和清点，并有买方和制造厂代表参加。

2.3.5.2　根据装箱清单进行逐项清点，查明数量、规格、是否损坏和锈蚀等。

2.3.5.3　设备的主要部件如推力头、镜板、推力轴承瓦、磁极、导轴承瓦、定子线棒等必须平放于木方上，不允许相互挤压和叠放，严防损伤、变形、锈蚀。

2.3.5.4　各种仪表、自动化元件、小型精加工件等开箱检查后，应重新密封在包装箱内，用塑料袋包好，严禁其他包装箱及部件压置其上。

2.3.5.5　除制造厂按合同规定提供的工具和消耗性材料外，安装承包商应准备安装所需要的一般工具、夹具及消耗性材料。

2.3.6　特殊工种必须持有效证件上岗。

2.3.7　施工过程中严格按照厂家工艺指导书及工艺文件进行施工，上一工序验收合格后方可进行下一工序的施工。

2.4　发电机定子组装及安装

2.4.1　施工准备工作

2.4.1.1　技术准备

施工前进行图纸会审，并按照已批准的施工组织设计（施工方案）进行技术交底，明确施工方法及质量标准、安全环保措施等。

2.4.1.2　材料准备

破布、白布、凡士林、二硫化钼、螺栓紧固剂、平面厌氧胶、砂纸、油石、酒精、清洗剂、磨光片及抛光片、煤油、氧气、乙炔、钢琴线、重油（柴油或机油）等。

2.4.1.3　施工机具

（1）安装工具：吊装工具、手拉葫芦、千斤顶、钻头、磁力钻、卸扣、吊环、扳手、脚手架等。

（2）测量工具：内径千分尺、外径千分尺、水准仪、全站仪、钢卷尺、钢板尺、百分表等。

2.4.2　定子组装及安装的一般工艺流程

定子组装及安装的一般工艺流程，如图 2-1 所示。具体工艺流程参考设备厂家安装说明及现场实际。

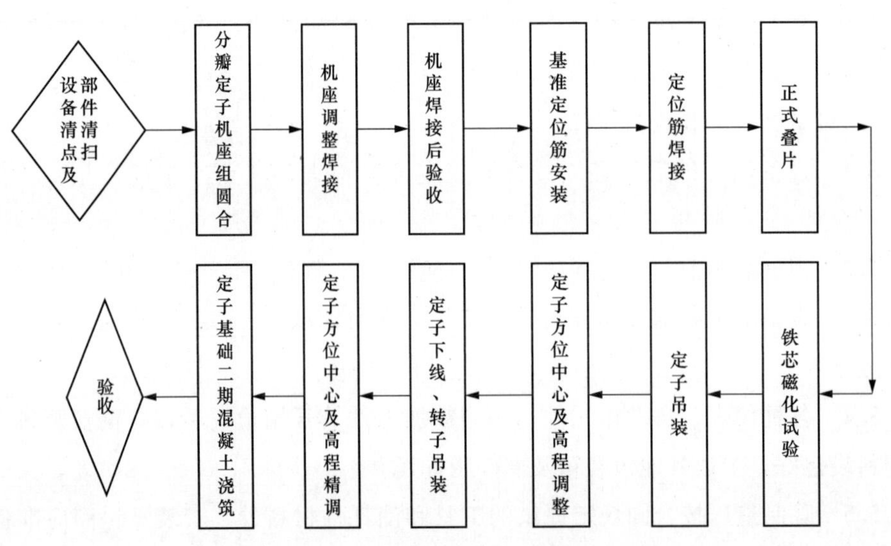

图 2-1　定子组装及安装的一般工艺流程

2.4.3　主要施工工艺

2.4.3.1　定子机座组装

（1）定子机座组圆。

1）安装间定子组装时。将各分瓣机座支墩摆放在安装间工位基础板上，大致调整好位置，以测圆架基础板中心为基准，用全站仪放样出定子机座的外径、内径、分瓣面的位置，并在地面上做好标记。

2）机坑组装定子时。按安装平台图纸搭设好测圆架平台（测圆架平台要求与施工平台分离，在全部施工过程中不承受施工中的操作外力）、机坑组装平台，做好相应的安全防护措施后，用全站仪放样出定子机座的外径、内径、分瓣面的位置，并做好标记。

3）定子分瓣机座运至安装间后，先清扫分瓣机座，去除组合面毛刺、油污，打磨焊接坡口内及坡口两侧各30mm范围的铁锈、油漆。对照设计图纸检查各瓣几何尺寸，核对厂内机座的编号。

4）用桥机将分瓣机座均匀提升起来，将机座放置在对应的支墩上，并打紧机座与支墩连接螺栓。用钢管或槽钢等临时支撑件将分瓣定子机座支撑好，以防倾覆。

5）机坑组装时将机座上基础板位置与支墩错开摆放，用叉车按编号安装定子机座基础板。在机座与基础板之间插入高程调整垫片，然后打紧把合螺栓。安装间组装时，待吊装前安装基础板。

6）用同样方式按顺序起吊第二瓣机座，翻身后缓慢靠近第一瓣机座，用把合螺栓将机座连接起来。其他各分瓣机座均按上述方式进行。最后一瓣机座应沿径向插入安装，组成整圆。

（2）测圆架安装。

1）按图纸和技术文件要求组装测圆架，通过外径千分尺或制作专用工具测定测圆架中心柱直径绝对值，上下各分2个断面，每断面分互相垂直两个方向测量，取其平均值。

2）以定子机座下环板内径为基准粗略调整测圆架的中心，使测圆架与定子机座大齿压板同心度满足厂家要求。

3）精调测圆架中心柱的垂直度，应满足厂家要求，检查测圆架测量精度，应达到重复测量任意一点的半径误差和旋转一周测头上下跳动量满足厂家要求，检查测圆架的旋转水平，必要时进行配重。

4）装配完成后，立柱应涂上润滑油充分润滑。使用时应缓慢匀速转动测量臂，避免速度过快。

5）将调整合格的测圆架可靠固定后复查测圆架垂直度、中心，在定子组装的各个阶段施工中应重复校核中心测圆架的准确性。

（3）定子机座调整。

1）先调整各环板之间的错牙，根据以往定子机座焊接收缩量的经验，第1台在每个把合块之间根据厂家要求加装一定厚度的垫片，打紧把合螺栓。通过第一台机定子机座焊接过程监测的实际收缩情况，调整后续机组的加垫厚度。

2）以定子机座下环板平面为基准来测量定子机座的水平。以最高点为基准调整，需要抬高机座时，通过松开机座与支墩间连接螺栓，用厂家供货的楔子板来调整。

用水准仪测量，每瓣上测量三点，水平度满足厂家要求。

3）通过下齿压板上的拉紧螺杆孔确定机座中心位置。考虑加垫后半径增加的影响，焊后半径与设计半径之差满足厂家要求，焊前半径略有放大。

2.4.3.2　定子机座焊接

（1）一般要求。

1）焊接环境要求。焊接环境中相对湿度不得大于90%，环境温度不得低于10℃。

2）焊工要求。焊工必须按照 DL/T 679《焊工技术考核规程》或 ASME 标准《锅炉压力容器》第九章的规定考核合格，必须提供相应的焊工资格证书。

3）焊接预热要求。各部位的焊接应根据厂家的工艺要求进行预热。

4）焊接规范。根据厂家的工艺要求，使用相应的焊材，并执行既定的焊接工艺。

（2）焊接措施。

1）焊前焊缝坡口及坡口两侧 50mm 内应清楚所有锈蚀、油污、毛刺等。

2）根据焊缝分布情况，多名焊工分别在同层的合缝处，采取“对称、同步，小规范，窄焊道，分段退步，多层多道”的方法施焊。在任何情况下，焊道宽度都不允许超过焊条直径的 4 倍。

3）在正式焊接前，采用骑马板加固，骑马板数量根据厂家要求布置。

4）定位焊：定位焊的质量要求及焊接工艺与正式施焊相同。定位焊长度为 100mm，厚度为 5～10mm，间隔 500mm，均在背缝侧进行定位，便于在背缝清刨时全部清除。

5）焊接过程中需要对相应半径尺寸、焊缝收缩量、环板水平进行检查，以便及时调整焊接方式。下环板焊接过程中尤其注意水平变化的检查。

6）焊接上机架支墩时，应控制好支墩上精加工面或部位在设计要求范围内。

（3）焊接顺序。

1）环板焊接顺序（示例），如图 2-2 所示，图中标识的数字为焊接的先后顺序。

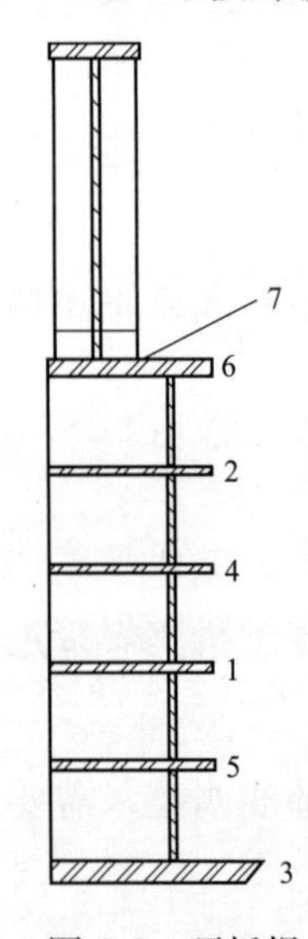

图 2-2 环板焊接顺序（示例）

2）单层环板焊接层道顺序。

(a) 中环（V 形坡口，厚度 20mm）：打底焊→焊正缝至 2/3 深→背缝清根打磨→背缝焊完→正缝焊完。

(b) 下环（X 形坡口，厚度 70mm）：打底焊→焊正缝至 1/3 深→背缝清根打磨→背缝焊至 1/3 深→焊正缝至 2/3 深→焊背缝至 2/3 深→正缝焊完→背缝焊完。

(c) 上环（X 形坡口，厚度 40mm）：打底焊→焊正缝至 1/2 深→背缝清根打磨→背缝焊至 1/2 深→正缝焊完→背缝焊完。

（4）焊接检验。

1）焊接完后将焊缝打磨光滑，按图纸要求对机座分瓣合缝进行超声波（UT）、钢管立柱与环板焊缝进行磁粉（MT）或表面（PT）探伤检查，焊缝质量符合设计图纸要求。

2）焊缝缺陷的处理和补焊。焊缝内部检验发现超标缺陷，应详细记录缺陷的大小、位置，并判断缺陷的性质。缺陷返修时，应认真分析原因，并制订措施后报厂家、监理工程师批准后方可进行返修处理。

焊缝内部缺陷用碳弧气刨或角磨机将缺陷清除，并修磨。焊补前应确认缺陷已完全清除，应采用 MT 或 PT 等辅助手段来进行。

去除组合块、卡子，并进行补焊打磨，进行 MT 或 PT 探伤。

(5) 压指装焊。

1) 焊接后检查、调整机座，通过下齿压板上的拉紧螺杆孔测量半径下环板。半径与设计半径之差满足厂家要求。复核各环板内径，应符合图纸要求。

2) 定子机座分瓣组合焊接完毕，以压指装焊工具安装下压指，并以各测点压指为基准，用弯形刀口尺和塞尺进行检测。

应注意压指的分类和交替摆放。

所有压指安装后相邻压指间高度和全圆压指高度差应满足厂家要求。

用绝缘套管和铁片检查压指位置，保证绝缘套管位置与压指在螺栓孔缺口位置一致，铁片齿尖中线与压指中线一致。

3) 压指按图纸或厂家焊接工艺要求进行焊接。焊接时应对称进行，防止压指出现扭曲。

4) 焊后的压指位置、高度必须满足图纸要求，不符时应修正。同时，检查每个压指的弯曲度，并记录在检查表上。

2.4.3.3 铁芯模拟叠片及定位筋安装

(1) 将托板和放置托板的环板位置上的油漆打磨干净。

(2) 将托块全部安装在鸽尾筋上，将鸽尾筋放到安装位置。

(3) 反复调整鸽尾筋和托块位置，当鸽尾筋位置合格后，再打入楔子板，并从上到下分别夹紧。

(4) 借助厂家提供的专用调整千斤顶和弦距样板初步调整定位筋，为方便模拟叠片，要求精确调整＋Y 方向一根定位筋的半径偏差、向心度、径向周向垂直度等参数满足厂家要求。

2.4.3.4 定位筋焊接

(1) 焊前应全面检查测圆架、定位筋的正确性，数据已全面验收合格。

(2) 待焊部位应全面清理干净，角焊缝两侧 20mm 范围内无任何油漆、油污等杂物。

(3) 定位筋托板与机座环板之间不应有间隙，若间隙大于 0.5mm，必须打磨环板处理。

(4) 将定位筋的托板对称点焊在机座上，并按要求进行点焊。

(5) 每焊完第一层后，全面检查各定位筋、模拟叠片的尺寸，发现超差应及时处理或调整焊接方向或顺序。

(6) 焊接过程中定位筋后的楔子板应打紧，不得有松脱或拔出。

(7) 定位筋焊完后应全面检查叠片尺寸，半径应满足厂家要求，用弦距样板检查定位筋，弦距样板应无过紧或过松的现象，否则应进行处理。

(8) 焊后应进行 MT 或 PT 探伤检查。

(9) 托板逐层、跳跃焊接，焊接顺序（示例），如图 2-3 所示，图中标识的数字为焊接的

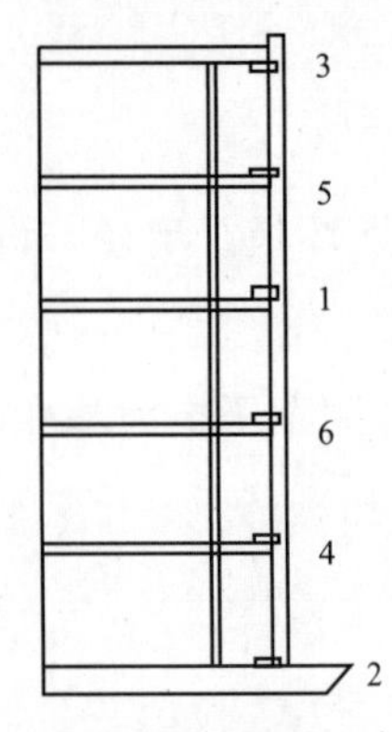

图 2-3　焊接顺序（示例）

先后顺序。

(10) 托板只焊径向焊缝。

(11) 每道均从内向外焊接，可根据监测过程中数据变化情况进行适当调整。

2.4.3.5　定子叠片及铁芯压紧

(1) 叠片准备。

1) 全面清扫定子机座，对焊缝和脱漆部分重新清扫、打磨、除锈，涂刷防锈漆和面漆。操作时注意压指和定位筋表面不受污染。

2) 对定子冲片进行目视检查：发生锈蚀和绝缘损坏的冲片不得使用；如果损伤很轻微，可用合适的绝缘清漆进行修复。

3) 制作定子叠片平台用于在高处叠片时放置铁片和施工人员行走。

4) 普通铁片、测温扇形片、黏结片、通风槽片分类摆放。

(2) 叠片过程。

1) 叠片从机座＋Y 标记处开始，沿逆时针方向进行叠片，片间搭接方式按铁芯图纸进行。

首先开始叠装底部各黏结阶梯段，完成各直径冲片的叠装，用尼龙锤进行位置尺寸修正，使冲片安装到正确位置。铁片标记孔位置应一致。

2) 阶梯段完成后，在螺杆孔里放入绝缘套管叠通风槽片，通风槽片的接缝必须和其下面冲片的接缝一致，然后叠设计要求高度的普通片，以此类推向上叠装。

3) 在叠装过程中随时对铁芯进行整形，每段叠完以后统一整形，检查铁芯高度和半径。安装通风槽片前，用夹紧工具夹紧铁芯段，用游标卡尺测量片组高度，偏差应满足厂家设计要求。

4) 叠片高度达到预压高度时，用定子测圆架测量定子铁芯的内径。测量铁芯高度时，以槽底和背部为准。叠片过程中，对槽型尺寸进行检查。

5) 叠至 RTD 安装位置时，注意使用带 RTD 槽的冲片，叠出 RTD 放置位置。

6) 每张冲片均须使用两根槽样棒检查槽形尺寸，槽样棒需摇动，并施加一定的压力方可插入槽中。槽样棒与槽的配合设计间隙很小。若有必要，在铁芯底部插入木销或类似物支撑。注意保护槽样棒的表面，避免损伤。若铁芯叠片高度超出了槽样棒高度，可在其相邻的槽内插入另一根槽样棒，两根槽样棒应至少重叠一个铁芯段高度。当铁芯较高时，需反复几次才能完成该检查。

7) 当铁芯叠片达到图纸规定高度时，安装铁芯测温温度计。按图纸规定，确定温度计沿铁芯周向和轴向安装位置。根据图纸，在铁芯正常片外圆剪切温度计安装槽，去除该槽边缘毛刺，并涂绝缘漆。注意：应将温度计安装在一个铁芯段的中间位置。

(3) 铁芯压紧。

1) 按图纸进行叠片，叠至第一次压紧的高度。

2）对已叠完的第一段铁芯全部检查和调整，测量好压紧前的高度和圆度，做好记录。

3）按叠片工具图纸吊装铁芯压紧用的压板，压板的接缝位置必须和最后一层冲片的接缝位置错开。穿入压紧螺栓，螺杆螺纹部位和垫圈应涂二硫化钼。

4）均匀地打紧螺母和螺栓。螺栓的拉紧力矩应满足相关规范要求。至少通过两次打紧。通过调节扭力，第一遍打紧时拉伸量达到50%，然后第二遍再调到100%。

压紧时应沿对称方向对称打紧，压紧过程中，应用水平尺始终监视着压板的水平度。

5）铁芯压紧过程中，应在铁芯的内外表面标示的每1个测点测量铁芯高度。计算比较铁芯的内外高度差，根据差值情况及时调整。

在周向至少8个均布点，测量铁芯槽的垂直度。

6）按照前面压紧顺序拆除定子压紧工具、螺母、螺杆等部件。

7）铁芯压紧过程根据厂家的安装工艺要求进行。

（4）铁芯高度调整。补偿片采用正常冲片切割得到，切割后去除边缘毛刺，然后在切口边缘涂绝缘漆。切割定子冲片时应注意边缘整齐，并且在每一切片上都至少有两个鸽尾槽。补偿片应与冲片的接缝错开。

另外，叠片时应将同一包装箱的冲片沿铁芯周向叠装使用，用完后再使用下一箱冲片。这样，同一批冲片是沿周向均布，可使冲片漆膜厚度的不同对叠片的影响最小。

（5）上压板安装。

1）在叠片完成后、最后一次紧前进行上齿压板安装，在压紧螺杆全部安装就位后，调整上齿压板压指中心与冲片齿中心偏差满足厂家要求，压指齿端和冲片齿端径向距离应符合图纸要求。

2）考虑到铁芯磁化试验将会使铁芯少许回落，因此最后一次叠片压紧后，应检测铁心槽底和背部的总高度满足厂家要求，齿尖波浪度在设计要求范围内。

3）检查铁芯圆度，根据厂家要求，按铁芯高度方向每隔一定高度，分上、中、下三个断面测量，每断面应取多个测点，最大最小半径与设计半径的差值应不大于±0.7mm。

4）用通槽棒对铁芯的槽形逐槽检查应全部通过，槽深和槽宽与设计值相符。

5）上述检查完成后，进行最后一次压紧。压紧后再对铁芯再进行检查，允许偏差和总偏差应该满足上述（1）～（4）要求。

6）如果叠装的铁芯高度大于设计允许的公差，那么需要增加或减少定子冲片的数量来调整，同时，相应的增加或减少上压板与机座间调整垫片的数量。

以上工作完成后，应重新进行压紧。

（6）永久螺杆安装。

1）在铁芯全面检查完成后，方可用永久螺杆更换压紧工具螺杆，进行最后把紧。

2）更换螺杆时分批均匀对称更换。

3）拆下工具螺杆，安装绝缘套管、套筒、垫片等，用液压拉伸器按图纸要求拧紧力矩压紧。

拧紧时，如果采用碟形弹簧，碟形弹簧组的高度要比套筒的有效高度略高，否则套筒需要加工。安装碟形弹簧时注意碟形弹簧的数量和方向。

安装及压紧时应注意保护绝缘套管。

4）检查上压板相对铁芯的水平度，完成压紧后上压板应处于水平位置。压板外径侧不允许低于水平线。

（7）定子铁芯磁化试验。

1）组装完成后，检查定子铁芯的高度和直径，并做记录。拆除所有的槽样棒等，拆卸时注意避免损伤铁芯槽侧面和槽底，并应进行检查。

2）应确保叠装槽形平整，尺寸满足下线要求。

3）仔细清扫定子铁芯，不允许有焊渣等异物存在。

4）铁芯磁化试验前，应将铁芯与托块间的楔板全部取出。

5）定子在完成铁芯叠装后，进行磁化试验，磁化试验按照 GB/T 20835《发电机定子铁芯磁化试验导则》进行。

6）磁化试验后拧紧力矩，检查上压板是否水平。

7）最终检查完毕后，按图纸要求对铁芯背部至机座之间，包括鸽尾筋和托块，进行喷漆。

8）防止铁芯锈蚀，可在下线前使用滚刷对铁芯内径涂一薄层绝缘漆。特别注意：铁芯槽部不得喷涂漆。

（8）定子吊装及调整。

1）按图纸组装吊具，并将定子吊入机坑。

2）定子吊入机坑后以水轮机底环中心为基准调整定子的中心，调整时将定子铁芯分上、下两个断面进行测量，要求各半径与平均半径之差应满足厂家要求；定子高程的确定应以水轮机底环上平面为基准调整定子铁芯的中心高程，其偏差应控制在厂家要求范围内。

2.4.4 质量控制要求及指标

2.4.4.1 一般要求

（1）安装前应认真阅读，并熟悉制造厂的设计图纸、出厂检验记录和有关技术文件，并编写出合理的施工组织设计。

（2）设备在安装前应进行全面清扫、检查，对重要部件的主要尺寸及配合公差应根据图纸要求，并对照出厂记录进行校核。

（3）设备组合面应光洁无毛刺。组合螺栓及销钉周围不应有间隙。组合缝处安装面错牙一般不超过 0.03mm。具体检查和标准执行厂家要求。

（4）部件的装配前应注意设备厂内的预装标记。

（5）对有预紧力要求的螺栓，其预紧力偏差不超过规定值的±10%。制造厂无明确要求时，预紧力不小于设计工作压力的2倍，且不超过材料屈服强度的3/4。

（6）部件组装和总装配时及安装后都必须保持清洁，机组安装后必须对机组内、外部仔细清扫和检查，不允许有任何杂物和不清洁之处。

（7）施工过程中的每道工序应严格按照厂家工艺文件执行，并按“三检”程序进行验收。

2.4.4.2　控制指标

定子组装及安装单元工程的施工质量验收应按层次、部位作为检验项目。根据项目具体情况结合设备厂家要求制定检查控制内容。

2.4.4.3　质量验收

定子组装及安装工程的验收划分为以下几个阶段：机座焊接及定位筋安装；下齿压板安装及穿心螺孔配钻，定子叠片，磁化试验。

2.4.5　涉及的强制性条文

2.4.5.1　NB 35074—2015《水电工程劳动安全与工业卫生设计规范》

第4.1.3条第5款　机械排水系统的水泵管路出水口高层低于下游校核洪水位时，必须在排水管上装设止回阀。

第4.2.6条　所有工作场所严禁采用明火取暖。蓄电池室、油罐室、油处理设备室严禁使用敞开式电热器取暖。

第4.3.1条第5款　保护导体必须有足够的截面和良好的电气连续性、严禁将金属水管、含有可燃性气体或液体的管道以及正常使用中承受机械应力的导电部分用作保护导体。电气装置的外露可导电部分不得用作保护导体的串接过渡接点。

第4.5.6条　枢纽建筑物的掺气孔、通气孔、调压井，应在其孔口设置防护栏杆或设置钢筋网孔盖板，网孔应能防止人脚坠入。

2.4.5.2　GB/T 8564—2003《水轮发电机组安装技术规范》

第3.6条　水轮发电机组所用的全部材料，应符合设计要求。对主要材料必须有检验和出厂合格证明书。

第3.7条　安装场地应统一规划，并应符合下列要求。

d）施工现场必须有符合要求的施工安全防护设施。放置易燃易爆物品的场所必须有相应的安全规定。

第4.11条　设备及其连接件进行严密性耐压试验时，试验压力为1.25倍的实际工作压力，保持30min，无渗漏现象，进行严密性试验时，实验压力为实际工作压力，保持8h无渗漏现象。单个冷却器应按设计要求的试验压力进行耐水压试验，设计无规定时试验压力一般为工作压力的 2 倍但不低于 0.4MPa，保持 30min 无渗漏现象。

第 4.12 条 设备容器进行煤油渗滤试验时至少保持 4h 无渗漏现象，容器做完渗漏试验后一般不易再拆卸。

第 4.14 条 机组及其附属设备的焊接应符合下列条件。

a）参加机组及其附属设备各部件焊接的焊工应按 DL/T 679《焊工技术考核规程》或制造厂规定的要求进行定期专项培训和考核，考试合格后持证上岗。

b）所有焊接焊缝的长度和高度应符合图纸要求，焊接质量应按设计图纸要求进行检验。

c）对重要部件的焊接应按焊接工艺评定后制定的焊接工艺程序或制造厂规定的焊接工艺规程进行。

2.4.5.3 DL/T 5162《水电水利工程施工安全防护设施技术规范》

第 4.1.2 条 进入施工现场的工作人员，必须按规定佩戴安全帽和使用其他相应的个体防护用品。从事特种作业的人员，必须持有政府主管部门核发的操作证，并配备相应的安全防护用品。

第 4.1.4 条 施工现场的洞（孔）、井、坑、升降口、漏斗口等危险处，应有防护设施和明显标志。

第 4.2.1 条 高处作业面的临空边沿，必须设置安全防护栏杆。

第 4.2.5 条 脚手架作业面高度超过 3.2m 时，临边必须挂设水平安全网，还应在脚手架外侧挂立网封闭。脚手架的水平安全网必须随建筑物的升高而升高，安全网距离工作面的最大高度不得超过 3m。

2.4.6 成品示范

定子机座组装完成，如图 2-4 所示。定子定位筋安装，如图 2-5 所示。定子定位筋安装完成后测量，如图 2-6 所示。下齿压板安装，如图 2-7 所示。定子叠片，如图 2-8 和图 2-9 所示。

图 2-4 定子机座组装完成

图 2-5 定子定位筋安装

图 2-6　定子定位筋安装完成后测量

图 2-7　下齿压板安装

图 2-8　定子叠片（一）

图 2-9　定子叠片（二）

2.5　定子下线及电气试验

2.5.1　施工准备工作

2.5.1.1　技术准备

施工前进行图纸会审，并按照已批准的施工方案及厂家工艺指导书进行技术交底，厂家代表进行现场指导工作。明确施工方法及质量标准、安全环保措施等。

2.5.1.2　材料准备

定子线棒、连接铜排、端箍、测温电阻、汇流母线、绝缘垫条、把合螺栓、止沉块、消耗性材料等。

2.5.1.3　施工机具

（1）安装机具：银铜焊机、空气压缩机、烘干箱、砂轮机、型材切割机、角磨机、电子秤、台钻、千斤顶、吸尘器、手电钻、套筒扳手、台式风扇、除湿机等。

（2）测量机具：绝缘电阻表、万用表、直流电压表、温湿度计、绝缘电阻测试仪、直流电阻测试仪、直流高压试验器、交流谐振试验装置等。

2.5.2　定子下线装配安装一般工艺流程

定子下线装配安装一般工艺流程，如图 2-10 所示。具体工艺流程参考设备厂家安装说明及现场实际。

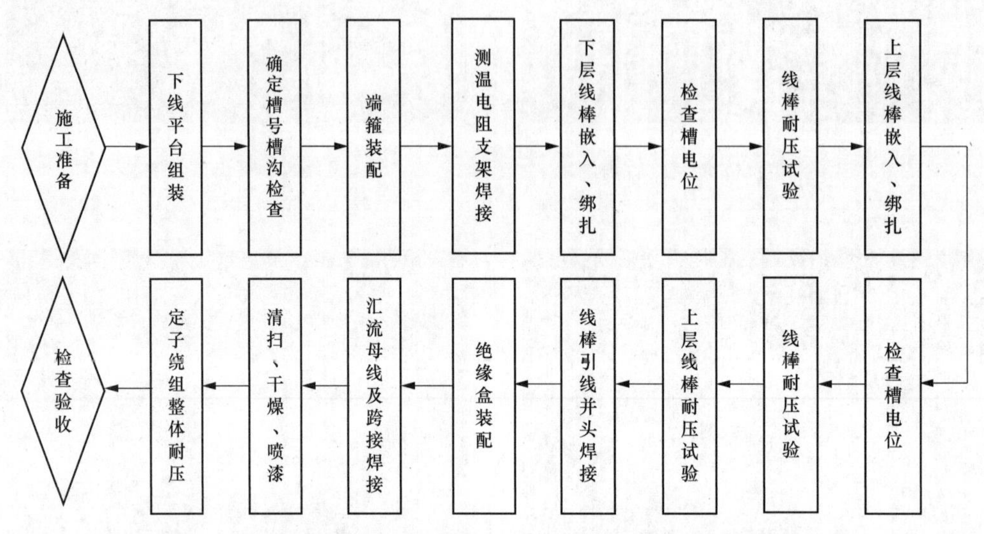

图 2-10　定子下线装配安装一般工艺流程

2.5.3　定子下线主要施工工艺

2.5.3.1　检查和清理定子

（1）用压缩空气清扫整个定子。

（2）检查铁芯槽内和铁芯无异物。

（3）仔细检查铁芯槽内涂漆是否均匀、漆层是否有毁损。

2.5.3.2　检查定子线棒

检查定子线棒包装箱运输、存储后外包装是否有毁损。

（1）检查线棒是否有机械损伤。

（2）检查线棒是否有明显几何变形。

（3）检查线棒绝缘是否受潮、霉烂。

（4）测绝缘电阻：用绝缘电阻表，测量绝缘电阻应大于厂家设计值。

（5）单根线棒试验：根据发电机设备采购合同确定。

2.5.3.3　检查包卷材料（云母带）、胶、固化剂

（1）对照装箱单检查每种材料的数量。

（2）检查材料是否受潮、变色等不正常情况，并把结果反馈给厂家代表。

2.5.3.4　环氧制品干燥处理、涤玻管脱蜡处理

经槽楔、楔下垫条等层压制品用干净白布沾酒精或丙酮溶液擦洗干净后，室温下晾干，

并按厂家要求进行烘干。涤波管必须脱蜡处理后，才可使用。

2.5.3.5　确定线棒槽号、槽沟检查

按厂家图纸及工艺指导书对定子铁芯线槽进行标号。用绝缘记号笔标出定子铁芯轴向中心线，标出铁芯线棒槽号，根据绕组展开图以 $+Y$、$-Y$、$+X$、$-X$ 轴对应线槽为基准槽逐步编号，在引线线棒槽做特殊标记。

2.5.3.6　端箍装配

（1）根据厂家工艺要求，每隔一定槽数嵌入一根线棒，在嵌入线棒前，将未浸渍的下层垫条用聚酯胶带吊挂在槽底，用压线工具和压线垫条压住线棒。

（2）按厂家图装配端箍支架，端箍座平均分布在上、下齿压板中心线上，将绝缘支持架与端箍座把合，将端箍抬起调整好位置，使其与下层线棒间预留一定的间隙，下端部的端箍用临时吊带挂起调整好后，将端箍座点焊在齿压板上，待上、下端箍调整完，满焊铁搭块，焊角满足厂家技术要求，把紧绝缘支持架上螺栓。

（3）组合端箍环各接头，端箍环接头用连接板连接并焊接，焊后用细砂布将焊接处修磨平整、用干净白布沾酒精将连接处油污、灰尘等擦洗干净，晾干 30min。

（4）端箍与端箍之间、端箍与支架之间连接不平处用固化腻子填平后，叠包云母带，外包无碱玻璃丝带，云母带层间及外表面均匀刷固化胶，并充分固化。端箍与线棒间垫入间隔片，间隔片用环氧树脂浸透，与下层线棒间的垫块绑扎涂环氧胶。端箍底座与定子机座焊接，端箍支架连接通过绝缘套管螺栓把合。

2.5.3.7　测温电阻装配

（1）按图纸要求，在下线前根据测温元件所在位置把支持管焊在齿压板上，把支持环焊在机座环板及侧板上，支持管焊接位置避开端箍支座，焊后清理打磨，并按照厂家要求刷固化胶。引线电缆穿过支持管用绝缘纸塞紧。引线固定在支持环时，支架包绝缘纸，用无碱玻璃丝带将引线绑扎在支架上，待线棒嵌入槽中，再对引线调整刷固化胶。

（2）测温元件引线与屏蔽线用铜管压接，外套丙烯酸脂玻璃纤维漆管作绝缘，压接头错开 10mm，外面包云母带，然后包无碱玻璃丝带，层间刷固化胶。

（3）测温电阻在安装及上、下层线棒耐压试验前、后分别用万用表检查是否开路、短路。按设备厂家要求检查测温电阻对地绝缘电阻。

（4）在测温引线终端贴上标号，标号要与图纸测温元件标号一致。

2.5.3.8　下层线棒嵌入、绑扎

（1）下线前对线棒两端头用细砂纸、钢丝砂轮进行打磨处理后，用酒精清洗，使端部表面光滑平整、露出本体色。

（2）标识出铁芯轴向中心线，用自制样板标出轴向线棒中心的位置线。

（3）将槽底垫条、槽底测温垫条放入槽内，沿轴向两端放置均匀，在两端用胶粘带固定在定子铁芯上，防止嵌入线棒时发生松动、脱落。

（4）线棒与端箍之间垫间隔片，间隔片外部包已浸固化胶的适形材料。下线过程中与斜边垫块一起绑扎，绑扎完后涂环氧胶。

（5）以定子铁芯中心线和线棒中心线为基准及参考线棒上、下端伸出长度，嵌入下层线棒，在线棒与端箍之间按图纸垫已浸渍的间隔片，在线棒直线段上垫线棒垫板，用橡皮锤轻轻敲打线棒垫板，将线棒敲打入槽内，确保线棒既靠槽底，又与端箍无间隙。调整线棒端部间的间隙尽量均匀，用临时木槽楔、木槽板压住线棒，上、中、下位置临时固定在槽内，并做好线棒及槽号的记录。在线棒左侧塞入半导体侧间垫条，深度与线圈深度相等，侧间垫板多余部分截掉，禁止超出铁芯两端部。

（6）下层线棒端部绑扎。

1）检查下层普通线棒、特殊线棒下线位置是否正确，标记出线棒端部绑扎位置。

2）检查线棒端部斜边间隙，垫斜边间隔块，根据间隙的大小调整间隔块厚度，将预先浸环氧固化胶的适形材料拧干后包紧间隔块，要求适形材料压缩量大于50%。

3）按图纸规定用浸泡过固化胶的玻璃丝管对线棒端部绑扎，绑扎完毕后用毛刷将所有绑绳、适形材料表面均匀刷环氧固化胶，严禁刷到线棒上。全部工作做完后，根据厂家要求，固化足够时间。

2.5.3.9　下层线棒电气试验

（1）用绝缘电阻表测定线棒电阻及吸收比：绝缘电阻不得低于GB/T 8564《水轮发电机组安装技术规范》或发电机设备采购合同规定的数值。试验完成后必须进行放电。

（2）绝缘检查合格后按JB/T 6204《高压交流电机定子线圈及绕组绝缘耐压试验规范》或发电机设备采购合同规定的限值进行下层线棒耐压试验。

（3）槽电位测试，按设备厂家要求检查。

2.5.3.10　上层线棒嵌入、绑扎

上层线棒嵌入及绑扎与下层线棒的装配相同。

2.5.3.11　槽楔装配

（1）用压缩空气清扫定子槽内，检查槽内无异物。

（2）首先确定好楔下垫条厚度，依次放入垫条、波纹板、调节垫条，垫好楔下垫条，将主楔放在适当位置（查看槽楔风道与铁芯风道位置，如风道位置不一致，切割调整槽楔），副楔塞进主楔底下约长度的1/3～1/2，然后将槽楔冲板紧靠槽楔端头，用铜锤敲打冲板，将副楔打进槽中，使槽楔端头对齐。

（3）每段槽楔打紧后，波纹板压缩量为100%。铁芯通风槽与槽楔通风槽应对齐，防止槽楔松动，再根据厂家工艺要求在槽楔上涂环氧固化胶。槽楔通风沟方向应与转子旋转方向一致，楔下垫条的伸出长度要与槽楔端部一致，符合规范要求。

2.5.3.12　引线并头焊接

（1）为防止线棒接头在清理过程中产生的金属粉末和在焊接加热时液态钎料流淌到线棒

绝缘表面，线棒端部用绝热材料遮盖，做好线棒端部绝缘保护。

（2）用甲苯和酒精清理线棒端部的氧化物。

（3）用砂布清除裁剪好的焊片两表面的氧化物、油污等，然后放在酒精槽中浸泡，焊接时再取出擦干待用。银铜焊丝表面氧化物用砂布抛光。

（4）先用冷却夹具将上、下层线棒接头夹好，再用整形工具将上、下层线棒接头对齐。整形过程中用力不能过大，不要损伤线棒绝缘。整形后按并头连接示意图中引线部位与连接铜排之间放银焊片，铜排与线棒引线搭接长度应满足设计要求，连接铜排的外边缘伸出上、下层线棒外边缘3mm，再用银铜焊机夹具固定引线焊接部位。线棒引线部位主绝缘包上浸透水的陶瓷纤维布，长度大于150mm。

（5）银铜焊机焊接工序严格按焊接使用说明书及厂家代表现场指导使用。

2.5.3.13　绝缘盒装配

（1）检查到货绝缘盒有无裂痕、气泡、绝缘分层、油污污染等缺陷，检查绝缘盒尺寸满足图纸要求。

（2）用钢丝刷、锯片刀、砂布、酒精将焊接表面氧化层和碳化物清理干净，按厂家要求对焊接部位绝缘处进行烘干去潮。用丙酮或乙醇等溶剂清洗绝缘盒表面，检查内表面，如有凸凹不平，则打磨清洗。室内风干2～3h后再进行使用，烘干的绝缘盒如不立即使用，需用塑料布遮盖，防止落入灰尘。

（3）在线棒组间的空隙中，填入适形材料和环氧固化腻子填料。

（4）按照普通线棒示意图，测量线棒引线绝缘长度，线棒端头绝缘与绝缘盒的搭接长度应满足厂家设计要求，如小于要求时，须用环氧玻璃云母带预先加包接长。

（5）上绝缘盒套装、封口、灌胶。先在绝缘盒外表面贴一层电话纸，以便清理灌注时溢出的胶液，再把绝缘盒套入焊接端头，要求连接片距盒底和线棒侧面距绝缘盒内壁的距离满足厂家要求，线棒位置调整好后，用环氧填料腻子封底，充分固化后，从绝缘盒底孔中先灌60%～70%环氧固化胶，在固化胶未干前，再次调整绝缘盒的水平、垂直高度，再次填入固化胶，固化后表面低于绝缘盒5mm时，应补充填满。

（6）下绝缘盒套装、封口、灌胶。先在绝缘盒外表面贴一层电话纸，以便清理灌注时溢出的胶液，用木板凳作为绝缘盒支撑。先在绝缘盒倒入2/3已搅拌均匀的环氧固化胶，再套上线棒端头，绝缘盒与线棒绝缘末端搭接长度、连接片距盒底距离及线棒侧壁面距绝缘盒内壁距离满足厂家要求，如未填满环氧固化胶，应补充填满。

（7）绝缘盒全部安装完后根据厂家工艺要求进行固化。

2.5.3.14　汇流母线及大小跨接桥装配、焊接

（1）极间连接铜排安装。

1）检查所有连接铜排绝缘无机械损伤、受潮、霉变，清理连接铜排需焊接部位的表面使露出本体色泽。按图纸从最下面开始预装连接铜排，检查连接铜排与引出线棒实际位置，标记好需焊接位置，要求连接铜排对地空间距离和沿面爬电距离满足设备要求。用细砂布打磨银焊片表面，用干净白布沾酒精清理银焊片表面污物、氧化层。

2）引线与连接铜排连接采用银铜焊机焊接，在焊接表面垫一层银焊片，用焊接夹钳夹紧，再用浸水的纤维布对线棒绝缘及连接铜排绝缘末端包裹做降温处理，然后进行焊接，焊接完成后要保证线棒与连接铜排接触良好，焊缝饱满。

3）焊接连接不平整部位用环氧固化填充料填平，再半叠包云母带，然后半叠包无碱玻璃丝带，外面涂环氧胶，新旧绝缘搭接长度应满足厂家工艺要求。垫块外包适形材料，用涤波管纵向平绕绑扎，再横向平绕绑扎，然后涂环氧胶。上述工作全部完成后，所有绝缘绑扎表面涂固化剂，并充分固化。

（2）汇流母线安装。

1）按图纸位置安装母线线夹座，在线夹槽包芳族聚酰胺（NOMEX）绝缘纸，再包预先浸环氧固化胶的适形材料，线夹座紧固螺丝拧紧后应可靠锁定。

检查所有汇流排绝缘无机械损伤、受潮、霉变，清理汇流排需焊接部位的表面使露出本体色泽。检查汇流排与引出线棒实际位置，标记好需焊接位置，要求汇流排对地空间距离及沿面爬电距离满足设计要求。用细砂布打磨银焊片表面，用干净白布沾酒精清理银焊片表面污物、氧化层。

2）引线与汇流排连接采用银铜焊机焊接，在焊接表面垫一层银焊片，用焊接夹钳夹紧，再用浸水的纤维布对线棒绝缘及连接铜排绝缘末端包裹做降温处理，然后进行焊接，焊接完成后要保证引出线棒与汇流排接触良好，焊缝饱满，焊缝如不饱满用银焊条填充。

焊接连接不平整部位用环氧固化填充料填平，再根据厂家工艺要求半叠包云母带，然后半叠包无碱玻璃丝带 1 层，外面涂环氧胶，新旧绝缘搭接长度应满足厂家工艺要求。垫块外包适形材料，用涤波管纵向平绕 3 圈绑扎，再横向平绕 3 圈绑扎，然后涂环氧胶。

3）根据厂家设计工艺要求，汇流母线连接片用螺栓把合。

2.5.3.15　定子清扫、干燥、喷漆

检查、清扫整个定子，在定子铁芯通风沟内或线圈缝隙中、绑绳的缝隙中不能留有金属碎末等杂物，整个定子端部按厂家工艺要求充分烘焙。再次用压缩空气对整个定子清扫，定子内圆及绕组端部喷西-188 漆，第一道喷完干燥后再喷第二道，全部喷完晾干后用防火篷布盖好整个定子。

2.5.3.16　定子绕组整体耐压试验

定子绕组整体耐压试验（示例如下），根据项目具体情况结合设备厂家要求制定检查控制内容。

（1）将测温元件可靠接地。

（2）测每相绕组的直流电阻。

（3）用绝缘电阻表测量定子绕组的绝缘电阻和吸收比。

（4）绝缘电阻和吸收比试验通过后，进行直流耐压及直流泄漏试验。

（5）整机起晕试验，要求 $1.1U_N$ 无肉眼可见的电晕。

（6）上述试验通过后，进行工频交流耐压试验，试验电压 $2U_N+3kV$。

2.5.4　质量控制要求及指标

2.5.4.1　控制指标

（1）上、下层线棒嵌入质量控制。

1）线棒与铁芯间隙、连续长度等指标应满足设计要求，并按照厂家要求的方式和标准进行检查。

2）下层线棒端部及斜边间隙尽量均匀。

3）各种绑绳美观大方，接头要整齐无毛刺，防止电晕。

4）用上层线棒检查下层线棒周向、径向错牙。

（2）槽楔的质量控制。

1）用小锤敲击槽楔检查紧度，上下两端头的槽楔不允许有空声，中间每根空声长度应在设计要求范围内，但相邻槽楔的空声部位不允许是连续的，否则加垫片重打。

2）槽楔上的通风沟与铁芯通风沟中心对齐，偏差满足厂家工艺要求。

3）所有槽楔在铁芯槽内长度符合设计要求，相互高差满足厂家工艺要求。

4）槽楔表面不得高出铁芯内圆表面。

（3）焊接质量控制。

1）在定子线棒接头与并头片的搭接尺寸范围内，实际焊接深度不小于搭接尺寸的95%。

2）焊缝表面要求光洁平整，无气孔、裂纹等缺陷。

3）如存在焊料不足或少量气孔、裂纹时可重新加热补焊修复。

4）如焊料流失严重、焊缝中的焊料严重不足或由过热造成焊件严重氧化或连接片严重烧损而影响导电面积等情况，此时必须熔化掉连接片，更换新的连接片进行第二次焊接。第二次焊接时，注意线棒接头的清理工作，必须清除接头的残余焊料，露出线棒铜本色。每组接头返修次数不应超过两次。

（4）绝缘盒安装质量检查。

1）环氧填充腻子和封口腻子应混合均匀。环氧填充腻子封上端绝缘盒时，不允许出现“连体”现象，即相邻线棒的封口腻固化效果。

2）绝缘盒环氧固化胶要求填充饱满，不允许有气泡、杂质，表面平整，胶面不低于绝缘盒口。

2.5.4.2 质量验收

对每道工序严格执行施工质量“三检制”，并做到“监督上工序、保证本工序、服务下工序”，对关键工序和质量通病做好预防、控制。

2.5.5 涉及的强制性条文

2.5.5.1 NB 35074—2015《水电工程劳动安全与工业卫生设计规范》

第 4.1.3 条第 5 款 机械排水系统的水泵管路出水口高层低于下游校核洪水位时，必须在排水管上装设止回阀。

第 4.2.6 条 所有工作场所严禁采用明火取暖。蓄电池室、油罐室、油处理设备室严禁使用敞开式电热器取暖。

第 4.3.1 条第 5 款 保护导体必须有足够的截面和良好的电气连续性，严禁将金属水管、含有可燃性气体或液体的管道，以及正常使用中承受机械应力的导电部分用作保护导体。电气装置的外露可导电部分不得用作保护导体的串接过渡接点。

第 4.5.6 条 枢纽建筑物的掺气孔、通气孔、调压井，应在其孔口设置防护栏杆或设置钢筋网孔盖板，网孔应能防止人脚坠入。

2.5.5.2 GB/T 8564—2003《水轮发电机组安装技术规范》

第 3.6 条 水轮发电机组所用的全部材料，应符合设计要求。对主要材料必须有检验和出厂合格证明书。

第 3.7 条 安装场地应统一规划，并应符合下列要求。

d）施工现场必须有符合要求的施工安全防护设施。放置易燃易爆物品的场所必须有相应的安全规定。

第 4.14 条 机组及其附属设备的焊接应符合下列条件。

a）参加机组及其附属设备各部件焊接的焊工应按 DL/T 679《焊工技术考核规程》或制造厂规定的要求进行定期专项培训和考核，考试合格后持证上岗。

b）所有焊接焊缝的长度和高度应符合图纸要求焊接质量应按设计图纸要求进行检验。

c）对重要部件的焊接应按焊接工艺评定后制定的焊接工艺程序或制造厂规定的焊接工艺规程进行。

2.5.5.3 DL 5162—2013《水电水利工程施工安全防护设施技术规范》

第 4.1.2 条 进入施工现场的工作人员，必须按规定佩戴安全帽和使用其他相应的个体防护用品。从事特种作业的人员，必须持有政府主管部门核发的操作证，并配备相应的安全防护用品。

第 4.1.4 条 施工现场的洞（孔）、井、坑、升降口、漏斗口等危险处，应有防护设施和明显标志。

第 4.2.1 条　高处作业面的临空边沿，必须设置安全防护栏杆。

第 4.2.5 条　脚手架作业面高度超过 3.2m 时，临边必须挂设水平安全网，还应在脚手架外侧挂立网封闭。脚手架的水平安全网必须随建筑物的升高而升高，安全网距离工作面的最大高度不得超过 3m。

2.5.6　成品示范

定子下线，如图 2-11 所示。

图 2-11　定子下线

2.6　推力机架组装及安装

2.6.1　施工准备工作

2.6.1.1　技术准备

施工前进行图纸会审，并按照已批准的施工组织设计（施工方案）进行技术交底，明确施工方法及质量标准、安全环保措施等。

2.6.1.2　材料准备

破布、白布、二硫化钼、平面厌氧胶、砂纸、油石、清洗剂、磨光片及抛光片、煤油、氧气、钢琴线、乙炔、重油（柴油或机油）等。

2.6.1.3　施工机具

（1）安装工具：吊装工具、手拉葫芦、千斤顶、钻头、磁力钻、卸扣、吊环、扳手、脚手架等。

（2）测量工具：内径千分尺、外径千分尺、水准仪、钢卷尺、钢板尺、百分表等。

2.6.2　推力机架组装及安装的一般工艺流程

推力机架组装及安装的一般工艺流程，如图 2-12 所示。具体工艺流程参考设备厂家安装说明及现场实际。

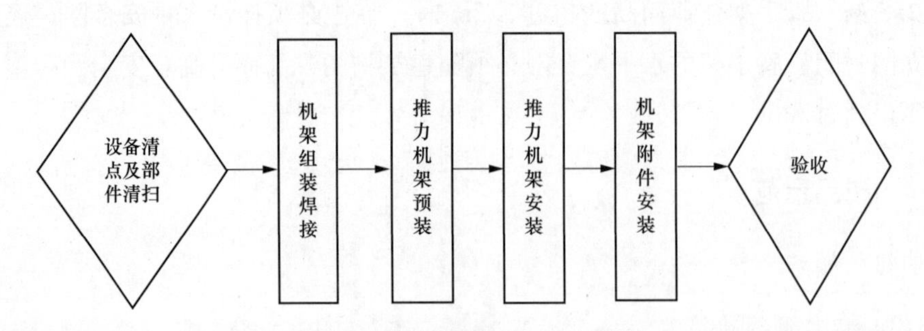

图 2-12　推力机架组装及安装的一般工艺流程

2.6.3　主要施工工艺

2.6.3.1　推力机架组装

（1）施工准备。

1）根据制造厂图纸及技术文件，以及相关的技术规范，编制推力机架组装工艺措施、质量控制与检验程序，提交监理人审查，获批准后进行施工。

2）设计、制作推力机架组装所需工装设施，推力机架组装支墩高度应满足水轮机环行吊车梁安装要求。

3）清理推力机架组装工位，将组装钢支墩均布于中心体组装部位，调整楔子板水平，并进行临时固定。

4）领取推力机架组装部件，对照图纸检查技术尺寸，对有缺陷和变形的部件将通知监理人，在制造商技术人员的指导下进行缺陷处理和整形，直到满足有关标准和制造商的要求，并得到监理单位的批准方进行安装。

（2）支臂与中心体组合。

1）将推力机架中心体运抵厂房，用桥机卸车，清扫检查中心体与支臂组合块，应光洁，无锈斑、油污。

2）检查推力轴承支座螺栓孔及推力轴瓦限位销孔分布尺寸，应满足图纸要求。

3）将推力机架中心体吊装于中心体支墩上，并以推力瓦座支承面为基准精确调整中心体水平，合格后将支墩楔子板点焊。

4）对称挂装推力机架支臂，用支墩及千斤顶调整支臂水平。依次将推力机架中心体及支臂组合成整体，并按照设计要求力矩拧紧组合螺栓。

5）测量各支臂之间弦距、各支臂之间高差及各支臂水平应满足技术要求，用塞尺检查中心体与支臂把合面及销钉周围，应无间隙。

（3）推力机架基础板安装。

1）清扫推力机架基础板，检查基础板组合面无毛刺、锈斑。利用厂房桥机对称挂装基

础板，并用专用扳手拧紧把合螺栓。

2）检查基础板组合面间隙满足要求。推力机架预装时，通过基础板调整螺栓及千斤顶调整推力机架中心及高程。

（4）推力机架盖板安装。按照图纸要求安装推力机架支腿间盖板。

（5）推力油冷却外循环系统装配（如有）。按设计要求对推力油冷却器进行分解，分别做油压及水压试验，检查应无渗漏后回装。按照图纸要求安装推力油冷却外循环设备，配制油冷却器管路。

2.6.3.2　推力机架预装

推力机架组装焊接完成后，吊入机坑预装。推力机架预装在定子铁损试验后与定子同时进行调整。推力机架中心、高程调整以已安装的本机底环固定止漏环内圆及上平面高程为基准，高程考虑转动部分各部件实测偏差及推力机架挠度值；调整推力机架高程、水平、中心满足规范要求后，回填二期混凝土，二期混凝土龄期达到一定强度再吊出机坑。

2.6.4　质量控制要求及指标

2.6.4.1　一般要求

（1）安装前应认真阅读，并熟悉制造厂的设计图纸、出厂检验记录和有关技术文件，并做出符合施工实际及合理的施工组织设计。

（2）设备在安装前应进行全面清扫、检查，对重要部件的主要尺寸及配合公差应根据图纸要求，并对照出厂记录进行校核。

（3）设备组合面应光洁无毛刺。合缝间隙用塞尺检查，检查情况应满足厂家的工艺要求。组合缝处安装面错牙一般不超过 0.10mm。

（4）部件的装配应注意配合标记。

（5）有预紧力要求的连接螺栓，其预紧力偏差不超过规定值的±10%。制造厂无明确要求时，预紧力不小于设计工作压力的 2 倍，且不超过材料屈服强度的 3/4。

（6）部件组装和总装配时及安装后都必须保持清洁，机组安装后必须对机组内、外部仔细清扫和检查，不允许有任何杂物和不清洁之处。

2.6.4.2　控制指标

推力机架组装及安装单元工程的施工质量验收应按层次、部位作为检验项目。根据项目具体情况结合设备厂家要求制定检查控制内容。

2.6.4.3　质量验收

推力机架组装及安装工程的验收划分为以下几个阶段：机架焊接、机架预装、推力机架安装、推力机架附件安装。

2.6.5 涉及的强制性条文

2.6.5.1 NB 35074—2015《水电工程劳动安全与工业卫生设计规范》

第4.1.3条第5款 机械排水系统的水泵管路出水口高层低于下游校核洪水位时，必须在排水管上装设止回阀。

第4.2.6条 所有工作场所严禁采用明火取暖。蓄电池室、油罐室、油处理设备室严禁使用敞开式电热器取暖。

第4.3.1条第5款 保护导体必须有足够的截面和良好的电气连续性，严禁将金属水管、含有可燃性气体或液体的管道，以及正常使用中承受机械应力的导电部分用作保护导体。电气装置的外露可导电部分不得用作保护导体的串接过渡接点。

第4.5.6条 枢纽建筑物的掺气孔、通气孔、调压井，应在其孔口设置防护栏杆或设置钢筋网孔盖板，网孔应能防止人脚坠入。

2.6.5.2 GB/T 8564—2003《水轮发电机组安装技术规范》

第3.6条 水轮发电机组所用的全部材料，应符合设计要求。对主要材料必须有检验和出厂合格证明书。

第3.7条 安装场地应统一规划，并应符合下列要求。

d）施工现场必须有符合要求的施工安全防护设施。放置易燃易爆物品的场所必须有相应的安全规定。

第4.11条 设备及其连接件进行严密性耐压试验时，试验压力为1.25倍的实际工作压力，保持30min，无渗漏现象，进行严密性试验时实验压力为实际工作压力，保持8h无渗漏现象。单个冷却器应按设计要求的试验压力进行耐水压试验，设计无规定时试验压力一般为工作压力的2倍但不低于0.4MPa，保持30min无渗漏现象。

第4.12条 设备容器进行煤油渗滤试验时至少保持4h无渗漏现象，容器做完渗漏试验后一般不易再拆卸。

第4.14条 机组及其附属设备的焊接应符合下列条件。

a）参加机组及其附属设备各部件焊接的焊工应按DL/T 679《焊工技术考核规程》或制造厂规定的要求进行定期专项培训和考核，考试合格后持证上岗。

b）所有焊接焊缝的长度和高度应符合图纸要求，焊接质量应按设计图纸要求进行检验。

c）对重要部件的焊接应按焊接工艺评定后制定的焊接工艺程序或制造厂规定的焊接工艺规程进行。

2.6.5.3 DL 5162—2013《水电水利工程施工安全防护设施技术规范》

第4.1.2条 进入施工现场的工作人员，必须按规定佩戴安全帽和使用其他相应的个体防护用品。从事特种作业的人员，必须持有政府主管部门核发的操作证，并配备相应的安全

防护用品。

第 4.1.4 条 施工现场的洞（孔）、井、坑、升降口、漏斗口等危险处，应有防护设施和明显标志。

第 4.2.1 条 高处作业面的临空边沿，必须设置安全防护栏杆。

第 4.2.5 条 脚手架作业面高度超过 3.2m 时，临边必须挂设水平安全网，还应在脚手架外侧挂立网封闭。脚手架的水平安全网必须随建筑物的升高而升高，安全网距离工作面的最大高度不得超过 3m。

2.6.6 成品示范

推力轴承机架组装完成，如图 2-13 所示。

图 2-13 推力轴承机架组装完成

2.7 推力轴承及导轴承安装

2.7.1 施工准备工作

2.7.1.1 技术准备

施工前进行图纸会审，并按照已批准的施工组织设计（施工方案）进行技术交底，明确施工方法及质量标准、安全环保措施等。

2.7.1.2 材料准备

破布、白布、二硫化钼、平面厌氧胶、砂纸、油石、清洗剂、磨光片及抛光片、煤油等。

2.7.1.3 施工机具

(1) 安装工具：吊装工具、手拉葫芦、千斤顶、钻头、磁力钻、卸扣、吊环、扳手、钢琴线、脚手架等。

(2) 测量工具：内径千分尺、外径千分尺、水准仪、钢卷尺、钢板尺、百分表、绝缘电阻表等。

2.7.2 推力轴承及导轴承安装的一般工艺流程

推力轴承及导轴承安装的一般工艺流程，如图 2-14 所示。具体工艺流程参考设备厂家安装说明及现场实际。

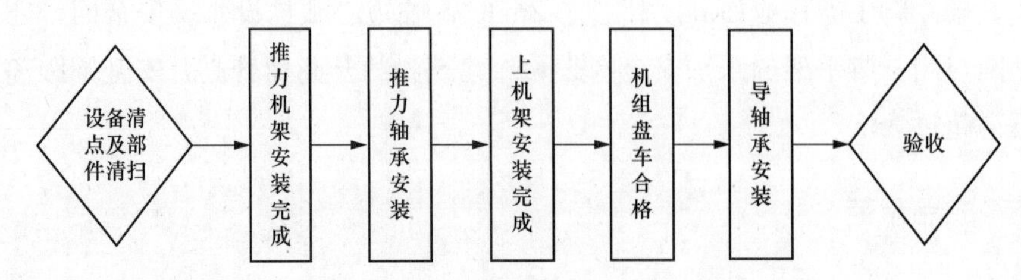

图 2-14 推力轴承及导轴承安装的一般工艺流程

2.7.3 主要施工工艺

2.7.3.1 推力轴承安装

（1）推力挡油管安装。挡油管安装前应认真清扫推力机架及挡油管把合面的油污及毛刺，清理合格后按照安装方位将挡油管与机架进行连接。安装完成后在油槽内倒入适量煤油进行至少 4h 的煤油渗漏试验，观察挡油管底部有无渗漏油现象，推力挡油圈中心偏差满足厂家设计要求。

（2）推力轴承预装。推导轴承预装在推力机架机坑预装完成后吊至推力机架组装工位临时存放后进行，以下安装方案供参考，具体以施工图纸及厂家安装技术要求为准。

1）因推力轴承对推力机架机坑预装水平要求极高，因此，推力机架在机坑预装时，推力机架推力支撑面水平必须严格控制在厂家要求范围内。推力机架二期混凝土浇筑龄期达到后，吊出机坑，吊放于安装间推力机架工位的支墩上，调整推力机架推力支撑面水平满足厂家工艺要求，点焊调整楔子板。

2）在安装间，对推力轴承组装部件进行清扫检查，并完成部分零部件的组装。

3）将推力机架支撑面、销孔、螺孔等清扫干净，检查加工面应无毛刺及高点，对照图纸检查推力瓦内外圈及中部两侧的限位销孔位置是否准确。

4）对号安装每块推力瓦轴向限位销，测量限位销突出推力支撑面的高度符合图纸要求。按厂内预装编号回装弹性垫挡块，并按图纸摆放弹性垫标准件，按编号对称回装推力瓦，检查内外及两侧限位销与推力瓦轴向间隙满足图纸要求。

5）用合像水平仪或高精度水准仪配合游标卡尺测量各块瓦平面度。若超标，根据测量结果进行推力瓦高度调整。

6）重复 4）、5）步骤，回装各推力瓦，复测所有推力瓦水平满足要求。

7）对号回装推力瓦外侧挡板，安装推力瓦径向限位销，并紧固，检查径向限位销上下间隙满足要求。

8）按图纸安装推力瓦高压油管接头，配制推力轴承高压油环管，安装管支架。管道配制完成后，拆除各推力瓦管接头，安装高压油打压专用堵头，接好临时油泵，按设计要求进行高压油系统环管强度耐压试验，检查管接头应无渗漏。

9）全面清扫推力轴承各部件，在推力瓦各部件表面涂抹干净汽轮机油防锈，并用白布及塑料布可靠遮蔽防尘。

10）安装推力挡油圈及密封件，按推力机架中心体内圆加工面为基准调整挡油圈同心度满足要求后，把紧螺栓；安装推力外油槽及密封盘根，对正方位后对称把紧螺栓；在油槽内注入适量煤油检查内外油槽应无渗漏。

2.7.3.2　导轴承安装

导轴承安装应符合下列要求。

（1）机组轴线及推力瓦受力调整合格。

（2）水轮机止漏环间隙及发电机空气间隙调整合格。

（3）有绝缘要求的分块导瓦在最终安装时，绝缘电阻应满足厂家要求。

（4）导瓦安装应根据主轴中心位置，并考虑盘车的摆度方向和大小进行间隙调整，安装总间隙符合设计要求。

（5）分块式导瓦间隙允许偏差和相邻两块瓦间的间隙应满足厂家要求。间隙调整后应可靠锁定。

（6）主轴处于中心位置时，在$+Y$、$+X$方向测量瓦架加工面与轴颈之间的距离，并做记录。

（7）下导轴承安装。

1）对称方向测量4点瓦架加工面与轴颈之间的距离。

2）用4块轴承瓦固定发电机主轴。

3）用塞尺检查导瓦间隙，调整到设计值。

4）轴承间隙调整后，用锁定螺母固定螺栓，螺母锁紧后，再次确认轴承间隙值。

5）按相同方法调整其他分块轴瓦的间隙。

6）所有的分块轴瓦间隙设定结束后，再次测定主轴与轴承之间的距离，确认发电机主轴未产生位移。

7）安装导油板及装配下导油槽上盖板。

8）导轴瓦间隙调整完成后，确认每块导轴瓦应在设定间隙范围内动作。

9）安装测量元件。

在下导轴承上安装轴承测温电阻等各种测量元件，所有导线管用压紧接线柱固定。油槽盖板、测温电阻、管路等安装完成后用高阻表测量绝缘电阻值满足设计要求。

（8）上导轴承安装。上导轴承设有防止在上导周围产生轴电流的绝缘，测温电阻、管路等安装后应用高阻表测量其电阻值满足设计要求。

1）将绝缘板放置在上导轴承支撑上。

2）调整上端轴中心；对称方向测量 4 点瓦架加工面与轴颈之间的距离，并做记录。

3）调整上导轴承间隙。

4）按相同方法调整剩余的导轴瓦间隙。

5）间隙调整后复测导轴瓦间隙，逐块检查各导轴瓦在设定间隙内应能活动。

6）安装测量元件（安装方法与下导瓦相同）。

2.7.4　质量控制要求及指标

2.7.4.1　控制指标

（1）推力轴承安装前应保证推力轴承座的水平。

（2）检查推力瓦、镜板等部件的加工尺寸符合设计要求。

（3）导轴承安装前应保证瓦面无伤痕。

（4）对油冷器等耐压设备安装前应按照规范及设计要求进行严密性耐压试验。

（5）对安装完成的零部件应做好防护措施。

（6）导轴承安装完成后轴承瓦面与轴颈的单边间隙符合设计要求，用力推导轴瓦应能够动作。

2.7.4.2　质量验收

推力轴承及导轴承安装工程的验收划分为以下几个阶段：推力机架中心、高程、水平已验收合格，上机架中心、高程、水平已验收合格，机组盘车合格，导瓦间隙调整合格，推力轴承和导轴承及附件安装合格。

2.7.5　涉及的强制性条文

2.7.5.1　NB 35074—2015《水电工程劳动安全与工业卫生设计规范》

第 4.1.3 条第 5 款　机械排水系统的水泵管路出水口高层低于下游校核洪水位时，必须在排水管上装设止回阀。

第 4.2.6 条　所有工作场所严禁采用明火取暖。蓄电池室、油罐室、油处理设备室严禁使用敞开式电热器取暖。

第 4.3.1 条第 5 款　保护导体必须有足够的截面和良好的电气连续性，严禁将金属水管、含有可燃性气体或液体的管道，以及正常使用中承受机械应力的导电部分用作保护导体。电气装置的外露可导电部分不得用作保护导体的串接过渡接点。

第 4.5.6 条　枢纽建筑物的掺气孔、通气孔、调压井，应在其孔口设置防护栏杆或设置钢筋网孔盖板，网孔应能防止人脚坠入。

2.7.5.2　GB/T 8564—2003《水轮发电机组安装技术规范》

第 3.6 条　水轮发电机组所用的全部材料，应符合设计要求。对主要材料必须有检验和

出厂合格证明书。

第3.7条　安装场地应统一规划，并应符合下列要求。

d）施工现场必须有符合要求的施工安全防护设施。放置易燃易爆物品的场所必须有相应的安全规定。

第4.14条　机组及其附属设备的焊接应符合下列条件。

a）参加机组及其附属设备各部件焊接的焊工应按DL/T 679《焊工技术考核规程》或制造厂规定的要求进行定期专项培训和考核，考试合格后持证上岗。

b）所有焊接焊缝的长度和高度应符合图纸要求，焊接质量应按设计图纸要求进行检验。

c）对重要部件的焊接应按焊接工艺评定后制定的焊接工艺程序或制造厂规定的焊接工艺规程进行。

2.7.5.3　DL 5162—2013《水电水利工程施工安全防护设施技术规范》

第4.1.2条　进入施工现场的工作人员，必须按规定佩戴安全帽和使用其他相应的个体防护用品。从事特种作业的人员，必须持有政府主管部门核发的操作证，并配备相应的安全防护用品。

第4.1.4条　施工现场的洞（孔）、井、坑、升降口、漏斗口等危险处，应有防护设施和明显标志。

第4.2.1条　高处作业面的临空边沿，必须设置安全防护栏杆。

第4.2.5条　脚手架作业面高度超过3.2m时，临边必须挂设水平安全网，还应在脚手架外侧挂立网封闭。脚手架的水平安全网必须随建筑物的升高而升高，安全网距离工作面的最大高度不得超过3m。

2.7.6　成品示范

推力轴承安装，如图2-15和图2-16所示。推力头、镜板安装，如图2-17所示。推力瓦喷淋试验，如图2-18所示。

图2-15　推力轴承安装（一）

图2-16　推力轴承安装（二）

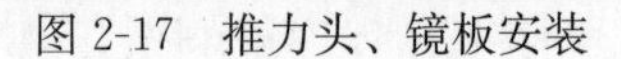

图 2-17　推力头、镜板安装

图 2-18　推力瓦喷淋试验

2.8　上机架组装及安装

2.8.1　施工准备工作

2.8.1.1　技术准备

施工前进行图纸会审，并按照已批准的施工组织设计（施工方案）进行技术交底，明确施工方法及质量标准、安全环保措施等。

2.8.1.2　材料准备

破布、白布、二硫化钼、平面厌氧胶、砂纸、油石、清洗剂、磨光片及抛光片、煤油、氧气、乙炔、钢琴线、重油（柴油或机油）等。

2.8.1.3　施工机具

（1）安装工具：吊装工具、手拉葫芦、千斤顶、钻头、磁力钻、卸扣、吊环、扳手、脚手架等。

（2）测量工具：内径千分尺、外径千分尺、水准仪、钢卷尺、钢板尺、百分表等。

2.8.2　上机架组装及安装的一般工艺流程

上机架组装及安装的一般工艺流程，如图 2-19 所示。具体工艺流程参考设备厂家安装说明及现场实际。

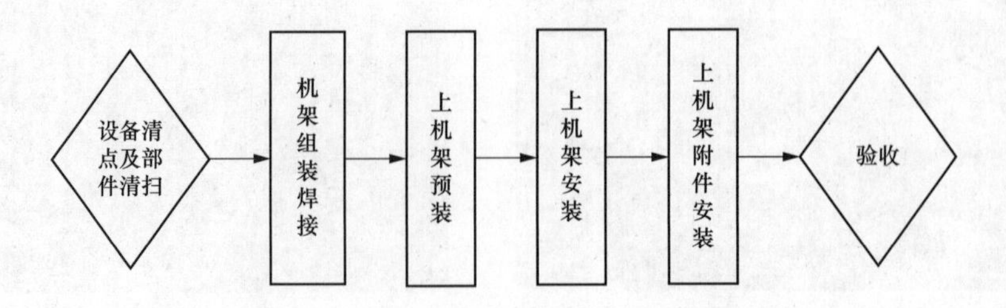

图 2-19　上机架组装及安装的一般工艺流程

2.8.3　主要施工工艺

2.8.3.1　上机架组装焊接

（1）上机架组装。

1）将上机架中心体运抵厂房，用桥机卸车，清扫检查中心体与支臂组合块，应光洁，无锈斑、油污。

2）将上机架中心体吊装于中心体支墩上，调整中心体水平，合格后将支墩楔子板点焊。

3）对称挂装上机架支臂，用支墩及千斤顶调整支臂水平。依次将上机架中心体及支臂组合成整体。

4）测量各支臂之间弦距、各支臂之间高差及各支臂水平应满足技术要求。

（2）上机架焊接。

1）焊工和无损检测人员资格，参见 2.4.3.2（1）。

2）焊接材料和焊接规范，参见 2.4.3.2（1）。

3）上机架支臂焊接。为控制焊接变形，在每条立筋的合缝处按厂家工艺要求装焊工艺加强板，在每层翼板的每条合缝处装焊 2 块工艺加强板，加强板与筋板、翼板的焊角满足厂家工艺要求。在上机架上、下翼板上用洋冲打上标记以便在焊接过程中测量变化值。

上机架支臂焊接顺序：先焊立焊缝，将坡口一面的焊缝焊完。在背面用砂轮机清根、做 MT 探伤检查，合格后，进行焊接。立焊缝的纵向焊接顺序如图 2-20 所示（图中标识的数字为焊接的先后顺序）。

焊上平缝，将大面坡口焊完后，在背面清根、打磨。做 MT 探伤检查。合格后，将背面坡口焊完。

焊下平缝，将大面坡口焊完后，在背面清根、打磨。做 MT 探伤检查。合格后，将背面坡口焊完。

焊接过程中根据实测数值随时调整焊接顺序，直至焊平上下坡口。

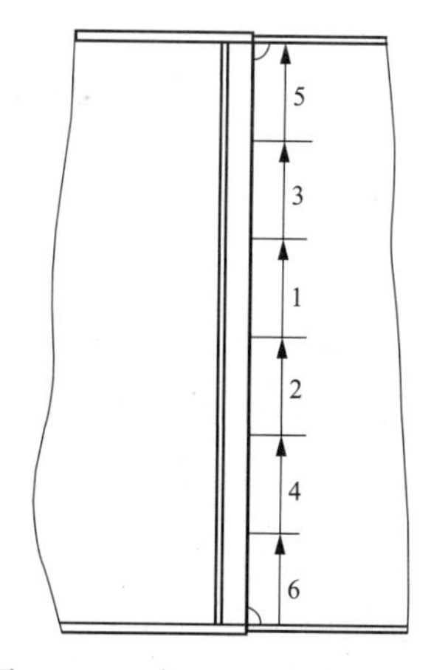

图 2-20　立焊缝的纵向焊接顺序

临时加强板焊接顺序：筋板、翼板的焊角满足厂家工艺要求。在上机架上、PT、UT 无损检测→拆除所有的临时加固件→尺寸复查→补漆。

2.8.3.2　上机架预装

上机架焊完探伤合格后，将上机架（连同上机架基础板）吊入机坑进行预装，以水轮机底环上平面高程为基准确定上机架高程，中心偏差及中心体水平偏差满足厂家设计要求。调整合格后对上机架防震支撑基础进行二期基础混凝土浇筑，混凝土浇筑时利用百分表在上机架防震支撑处进行监测，防止混凝土浇筑的不对称导致对机架中心及水平造成影响，混凝土养生期过后复测上机架水平及中心，吊出上机架进行附件安装。

2.8.3.3 上机架安装

（1）待转子及发电机上端轴吊入机坑后进行上机架安装。上机架定位后，再次测量上机架中心体水平满足厂家设计要求。

（2）上机架附件安装。上机架附件装配主要有上导挡油管、上油槽安装、上导油冷却器安装，其余附件待盘车合格后进行安装。

1）上导油冷却器安装。上导油冷却器（一体式）安装前应根据相关规定进行单体水压试验。水压试验完成后安装于上油槽内，并进行气压试验，观察上部油冷器与油槽的连接处无泄漏。

2）上油槽安装。上导油冷却器与上油槽固定把合完成后，清扫上油槽与上机架中心体下法兰把合面，按照图纸要求将其固定。

3）上导挡油管安装。油冷器及上油槽已安装完成后，按照图纸要求将挡油管安装于上油槽下法兰上。安装完成后在油槽内倒入适量煤油进行至少4h煤油渗漏试验，观察挡油管底部有无渗漏油现象。

4）上盖板安装。上机架安装完成后按设计高程安装上机架盖板，盖板安装完成后应平整；各分瓣盖板的组合缝应封闭无间隙和错位现象，用于固定盖板的螺栓应锁定牢固。

2.8.4 质量控制要求及指标

2.8.4.1 控制指标

上机架组装及安装单元工程的施工质量验收应按层次、部位作为检验项目。根据项目具体情况结合设备厂家要求制定检查控制内容。

2.8.4.2 质量验收

上机架组装及安装工程的验收划分为以下几个阶段：机架焊接、机架预装、机架安装、附件安装等。

2.8.5 涉及的强制性条文

2.8.5.1 NB 35074—2015《水电工程劳动安全与工业卫生设计规范》

第4.1.3条第5款 机械排水系统的水泵管路出水口高层低于下游校核洪水位时，必须在排水管上装设止回阀。

第4.2.6条 所有工作场所严禁采用明火取暖。蓄电池室、油罐室、油处理设备室严禁使用敞开式电热器取暖。

第4.3.1条第5款 保护导体必须有足够的截面和良好的电气连续性，严禁将金属水管、含有可燃性气体或液体的管道，以及正常使用中承受机械应力的导电部分用作保护导

体。电气装置的外露可导电部分不得用作保护导体的串接过渡接点。

第 4.5.6 条　枢纽建筑物的掺气孔、通气孔、调压井，应在其孔口设置防护栏杆或设置钢筋网孔盖板，网孔应能防止人脚坠入。

2.8.5.2　GB/T 8564—2003《水轮发电机组安装技术规范》

第 3.6 条　水轮发电机组所用的全部材料，应符合设计要求。对主要材料必须有检验和出厂合格证明书。

第 3.7 条　安装场地应统一规划，并应符合下列要求。

d）施工现场必须有符合要求的施工安全防护设施。放置易燃易爆物品的场所必须有相应的安全规定。

第 4.11 条　设备及其连接件进行严密性耐压试验时，试验压力为 1.25 倍的实际工作压力，保持 30min，无渗漏现象，进行严密性试验时，实验压力为实际工作压力，保持 8h 无渗漏现象。单个冷却器应按设计要求的试验压力进行耐水压试验，设计无规定时试验压力一般为工作压力的 2 倍但不低于 0.4MPa，保持 30min 无渗漏现象。

第 4.12 条　设备容器进行煤油渗滤试验时至少保持 4h 无渗漏现象，容器做完渗漏试验后一般不易再拆卸。

第 4.14 条　机组及其附属设备的焊接应符合下列条件。

a）参加机组及其附属设备各部件焊接的焊工应按 DL/T 679《焊工技术考核规程》或制造厂规定的要求进行定期专项培训和考核，考试合格后持证上岗。

b）所有焊接焊缝的长度和高度应符合图纸要求，焊接质量应按设计图纸要求进行检验。

c）对重要部件的焊接应按焊接工艺评定后制定的焊接工艺程序或制造厂规定的焊接工艺规程进行。

2.8.5.3　DL 5162—2013《水电水利工程施工安全防护设施技术规范》

第 4.1.2 条　进入施工现场的工作人员，必须按规定佩戴安全帽和使用其他相应的个体防护用品。从事特种作业的人员，必须持有政府主管部门核发的操作证，并配备相应的安全防护用品。

第 4.1.4 条　施工现场的洞（孔）、井、坑、升降口、漏斗口等危险处，应有防护设施和明显标志。

第 4.2.1 条　高处作业面的临空边沿，必须设置安全防护栏杆。

第 4.2.5 条　脚手架作业面高度超过 3.2m 时，临边必须挂设水平安全网，还应在脚手架外侧挂立网封闭。脚手架的水平安全网必须随建筑物的升高而升高，安全网距离工作面的最大高度不得超过 3m。

2.8.6　成品示范

上机架焊接，如图 2-21 所示。上机架安装，如图 2-22 所示。

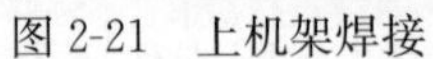

图 2-21　上机架焊接

图 2-22　上机架安装

2.9　转子组装及安装

2.9.1　施工准备工作

2.9.1.1　技术准备

施工前进行图纸会审，并按照已批准的施工组织设计（施工方案）进行技术交底，明确施工方法及质量标准、安全环保措施等。

2.9.1.2　材料准备

破布、白布、凡士林、二硫化钼、螺栓紧固剂、平面厌氧胶、砂纸、油石、酒精、清洗剂、磨光片及抛光片、煤油、氧气、乙炔、石棉被、钢琴线等。

2.9.1.3　施工机具

（1）安装工具：吊装工具、手拉葫芦、千斤顶、卸扣、吊环、扳手、脚手架等。

（2）测量工具：内径千分尺、外径千分尺、水准仪、全站仪、钢卷尺、钢板尺、百分表、电气实验设备等。

2.9.2　转子组装的一般工艺流程

转子组装的一般工艺流程，如图 2-23 所示。具体工艺流程参考设备厂家安装说明及现场实际。

2.9.3　主要施工工艺

2.9.3.1　转子组装准备

（1）场地准备。

1）转子组装在安装间进行，并应充分保证组装场地应能防风、防水、保持清洁，并有足够的照明。

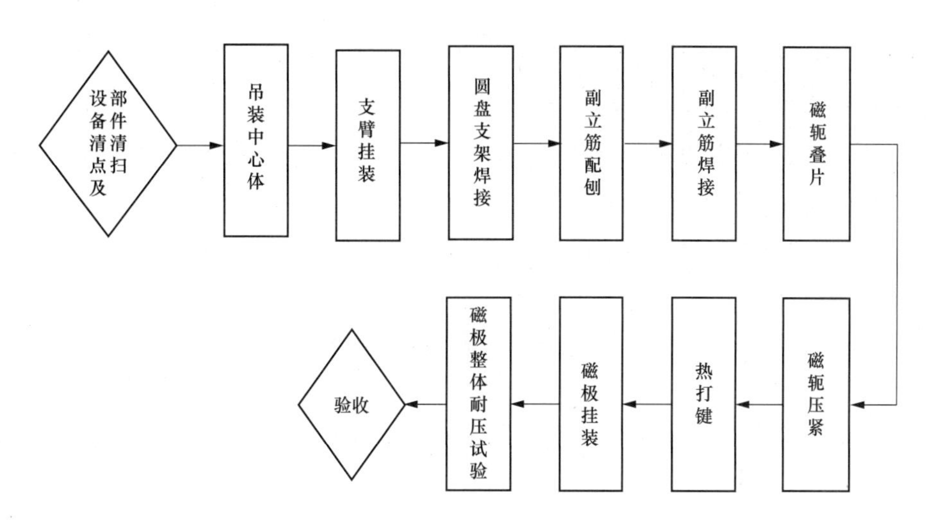

图 2-23　转子组装的一般工艺流程

2）转子现场组装设备应摆放整洁，应预留转子磁轭冲片摆放及磁极摆放的空间，以及人员走动空间。

3）转子磁轭叠片时，应搭建牢固和安全的叠片平台及扶梯，以便于转子磁轭的叠装。

4）转子磁轭冲片清扫若在永久设备库进行，应搭设专用的防雨、防尘棚，并配备相应的通风和消防措施。

（2）铁片清扫。

1）转子组装前，根据图纸及设备到货验收清单，按电站机组编号对该机组转子组装所需的各部件、工具进行详细的全面清点，并及时提交属于该机组编号的设备到货缺件清单和现场丢失清单给制造厂家。

2）在转子磁轭叠片前，利用有机溶剂对制造厂内已按重量分类的转子磁轭冲片分类逐一进行清洗，分类极差根据厂家工艺要求，除去冲片表面油、锈迹和毛刺，并用干净抹布将冲片表面清擦干净。

3）磁轭冲片重量分类完成后，应从每类磁轭冲片抽取 10 张冲片，用千分尺测量每张磁轭冲片的实际厚度，要求每张磁轭冲片测量点应不少于 10 点，且测量点沿每张冲片外边缘尽可能均匀分布，并根据各类冲片的测量结果，计算出每类冲片的实际平均厚度，并将其每类冲片的测量结果记录在表中。

4）参照每类磁轭冲片的实际平均厚度，确定转子磁轭叠装表；编制时应考虑整个磁轭圆周重量分布均匀，先叠数量较多的一类，不同重量的零散片留待最后使用。

2.9.3.2　转子支架组装

（1）中心体安装。

1）清洗、检查转子中心体下法兰面及其键槽，处理其局部高点和除去油污、毛刺等，保证其表面干净和无缺损。

2）将转子中心体吊放到转子中心体支墩的楔子板上，楔子板与中心体之间应垫铜皮以免损伤加工面。吊装时，应注意转子中心体的方位。

3）测量，并用楔子板调整转子中心体上法兰面的水平，用精密水准仪测量中心体下法兰水平度，应满足厂家设计要求。

4）以转子中心体下法兰面内镗口为基准，利用吊钢琴线的方法检查中心体上、下止口的同心度应满足厂家设计要求。

5）按图纸转子支架中心体加工校核转子中心体各尺寸。

（2）转子支臂安装。

1）将支架支撑大致摆放到位，用水准仪测量，并调整支架组合支撑顶丝顶面高程低于中心体下法兰面，根据厂家工艺要求确定差值。

2）全面检查转子中心体与转子支架之间，以及转子支架之间组合块的组合面，处理其局部高点和除去油污、毛刺等，保证其表面干净和无缺损，并清洗检查所有组合块的组合螺栓。

3）根据制造厂内的预装标记，对称挂装转子支架，并调整转子支架。

4）打紧转子支架与转子中心体之间的切向组合块组合螺栓，然后将支架间的径向组合块组合螺栓按从内到外的打紧顺序对称打紧。测量转子支架各立筋半径，其应在设计范围内，垂直度应满足厂家要求。

（3）转子测圆架安装。

1）安装转子测圆架前，复查转子中心体上法兰面水平度，并清理转子中心体上法兰面。

2）先将底座同立柱装配，整体吊入上法兰面配合安装；将垫板同螺栓由下装入法兰安装孔，装入压板后将底座固定在上法兰面上。

3）装入横梁，通过相接法兰销定位、螺栓组件连接；将配重臂、配重块与旋转立柱组件装配，用拉杆组件将配重臂拉紧，并调整配重块位置；安装平衡架、卡环，通过拉杆组件拉紧后，由横梁上部钢丝绳组件调整横梁的水平度。

4）以转子中心体下法兰面止口内圆为基准，将转子测圆架与中心体下法兰内镗口的同心度调整到厂家工艺要求的范围内。组合转子测圆架支臂，将测圆架支臂吊放在止推轴承上，并采用加配重块的方式调整测圆架支臂的水平，其水平度应满足厂家要求。测圆架调整后，要求利用中心测圆架转臂重复测量圆周上任意点的半径误差和旋转一周测头的上下跳动量均已满足厂家要求。

5）装入测量杆，通过调整螺栓初始调整测量杆垂直度，通过调整钢琴线调中螺栓、钢琴线调紧旋钮精确调整测量杆的垂直度。

6）装配完成后，测杆沿立柱旋转一周后，同一测点的测量值偏差应满足厂家要求。

7）转子测圆装置装配完毕后，立柱上应涂上润滑油充分润滑，在转子测圆架的使用过程中，应当匀速缓慢转动横梁，避免速度过快。

8）应分阶段校核中心测圆架的准确性。

2.9.3.3　转子支架焊接

（1）焊接要求。

1）焊接环境要求，参见2.4.3.2（1）。

2）焊工要求，参见2.4.3.2（1）。

（2）焊接措施。

1）焊前焊缝坡口及坡口两侧50mm内应清除所有锈蚀、油污、毛刺等。

2）采取“对称、同步，小规范，窄焊道，分段退步，多层多道”的方法施焊。在任何情况下，焊道宽度都不允许超过焊条直径的4倍。

3）在正式焊接前，采用骑马板加固。骑马板按厂家要求进行设计安装。骑马板焊接完成后应复测转子支架各个尺寸。

4）定位焊：定位焊的质量要求及焊接工艺与正式施焊相同。定位焊长度、厚度和间隔满足厂家工艺要求，均在背缝侧进行定位，便于在背缝清刨时全部清除。

5）为控制焊接变形，焊接采用对称施焊方式，焊接速度应尽可能一致，相邻两层焊缝的焊接方向必须相反。

6）对组装间隙大的焊缝，采用镶边堆焊，并采用多层多道分段退步焊。

7）对于对接焊缝先焊完1/2正缝后，方可对背缝进行清根，背缝清根干净后进行背缝焊接，完成后焊接剩余正缝。

8）除底层及盖面层外，其余各层每焊一层均应锤击以消除焊接应力。

9）对焊接过程进行监测和记录，并根据焊接变形，及时调整焊接有关工艺参数等。

（3）焊接顺序。

1）转子支架焊接顺序。

(a) 先焊接转子中心体与支架间立焊（编号1），由多名焊工同时对称施焊。

(b) 再焊接转子支架间下部径向焊缝（编号2），由多名焊工同时对称施焊。

(c) 再焊接转子支架间上部径向焊缝（编号3），由多名焊工同时对称施焊。

(d) 最后焊接管状加固支撑。

2）转子支架立焊焊接顺序（示例），如图2-24所示，具体步骤参考厂家工艺要求和现场实际。

(a) 由6名焊工同时焊接对称6条立焊缝（编号a）。

(b) 由6名焊工同时焊接对称6条立焊缝（编号b）。

(c) 由6名焊工同时焊接对称6条立焊缝（编号c）。

（4）焊接监测与控制。

1）准备必要的测量工器具：水准仪、游标卡尺等，并在焊缝两侧打上测量焊接收缩变形的参考点（用游标卡尺测量）。

2）成立专门的变形监控小组，负责对转子整体进行焊前、焊前加固后、焊接过程各阶

段、焊接后的变形进行随时测量，以此作为调整焊接顺序的依据。

3）焊接变形测量的各项目包括中心体水平、挂钩与中心体高差及水平度、立筋垂直度、立筋半径、立筋弦长。

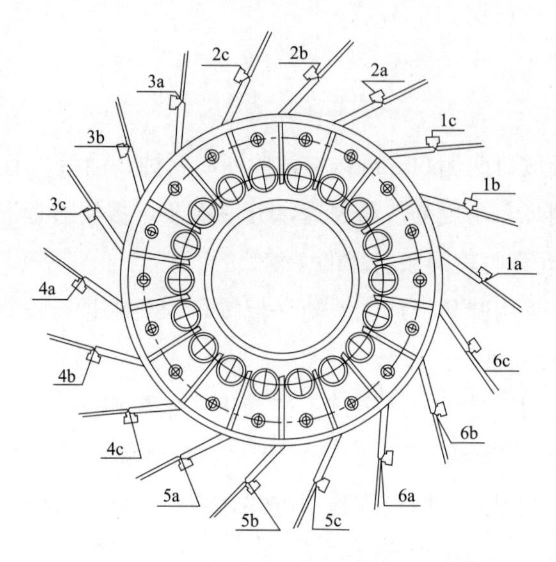

图 2-24　转子支架立焊焊接顺序（示例）

4）每天焊接工作结束后自然降温。第二天早上开焊前即进行测量，依据测量结果定出当日的焊接部位及相应的焊接措施。

5）焊接过程中，出现焊接变形过大时，应立即分析产生的原因，采取相应的对策，例如，调整焊接顺序、改变焊接参数、焊接方向、跳焊顺序、焊工人数，并控制焊接热输入，控制层间温度，采取消应等措施。

（5）焊接检查，参见 2.4.3.2（4）。

2.9.3.4　转子副立筋加工

（1）副立筋定位测量。

1）将所有主立筋以顺时针方向进行编号，并打标记。

2）利用校验合格的测圆架、内径千分尺和专用工具测量每个主立筋弦距及加工面的半径。测量每个主立筋弦距和半径尺寸。每个主立筋每个半径尺寸测点应测量左、中（中心线）、右三点，三个测点的高度差应满足厂家设计要求。

3）在确保转子中心体水平的情况下，以中心体下法兰下平面为基准，检查所有主立筋底部加工面的水平，根据图纸要求，在每个主立筋加工立面的下部对应副立筋轴向安装位置打标记。

4）在主立筋轴向中心高度，以一根主立筋的中心为基准，在其余每根主立筋上等弦距确定一点，再用挂钢琴线方法得到副立筋安装位置的中心线，并对确定的主立筋间中心线进行弦距测量。

5）根据上面确定的轴向高度位置和对应中心线位置，用C形夹将副立筋固定在主立筋上。

6）用铅垂线方法检查副立筋的键槽两侧边的垂直度，最终确定固定副立筋位置。

7）沿轴向均匀3点，测量副立筋半径尺寸，结合“（2）副立筋加工”和设计图纸尺寸，最终确定副立筋加工量。

（2）副立筋加工。

1）在副立筋上打编号标记，编号与配对主立筋编号相同。

2）根据主立筋在工厂内已加工的螺孔，确定副立筋对应孔的位置，并做好标记。

3）拆下副立筋。

4）按标记的孔位置和计算的副立筋厚度加工量，对副立筋进行加工。加工前应提前联系好相关的加工设备，做好运输、加工等各项准备工作，尽量缩短副立筋加工工期。

（3）副立筋安装。

1）副立筋厚度加工及钻孔完成，并清理干净，用C形夹将副立筋固定到主立筋上，应注意主立筋与副立筋的编号一致。

2）将副立筋固定在主立筋上，每隔一个螺孔用一个螺栓固定。

3）全部副立筋固定后，测量副立筋键槽的立面半径和两侧面垂直度、弦距和轴向安装位置，副立筋半、弦距和径向、周向垂直度均应满足厂家要求。

4）在未装入螺栓的孔中，安装螺纹销，并进行焊接。焊接分两遍进行，且焊缝不得突出副立筋键槽面。焊接顺序应从中间向两头跳焊，防止副立筋受热变形。

5）焊缝完全冷却后，根据厂家工艺要求塞焊。

6）焊接时，应注意保护副立筋加工面，特别是键槽面（立面），防止焊接时的飞溅物损伤。

7）焊缝完全冷却后，由两名焊工同时对称焊接副立筋外侧面与主立筋的焊缝。

2.9.3.5　转子磁轭叠装

（1）下压板安装。

1）根据转子支架主立筋磁轭支撑面的测量数据，配加工每个主立筋与下磁轭压板之间的垫板，调整下压板合格后焊接在下压板上。

2）若主立筋磁轭支撑面存在毛刺或压痕，应用砂纸磨平，并在该支撑面上涂一薄层二硫化钼。

3）调整转子支架支臂的支撑板高度，将磁轭支撑工具安放到位，然后将磁轭下压板安放在支撑工具和主立筋上。利用支撑工具调整下压板水平度满足厂家工艺要求。

（2）磁轭键安装。将磁轭主键（大头向下）和两个副键装配在副立筋的键槽中，在磁轭主键与副立筋间加垫片调整磁轭主键的中心位置。调整合格后所有的磁轭主键和副键均应编号，并与相应的副立筋一致，用夹紧工具固定主键及副键。

（3）磁轭叠片。

1）磁轭按制造厂家图纸要求叠片方式，每层片与前一层片相错一个极距，即以此形成交错上升叠片方式，并根据厂家工艺要求形成通风隙。

2）开始叠装时，根据重量等级来叠压磁轭冲片，逐层堆叠最下方的冲片，层与层间顺时针交错 1 个级距，并应确保第一层与压板间交错堆叠。

叠片示意图（样图），如图 2-25 所示。

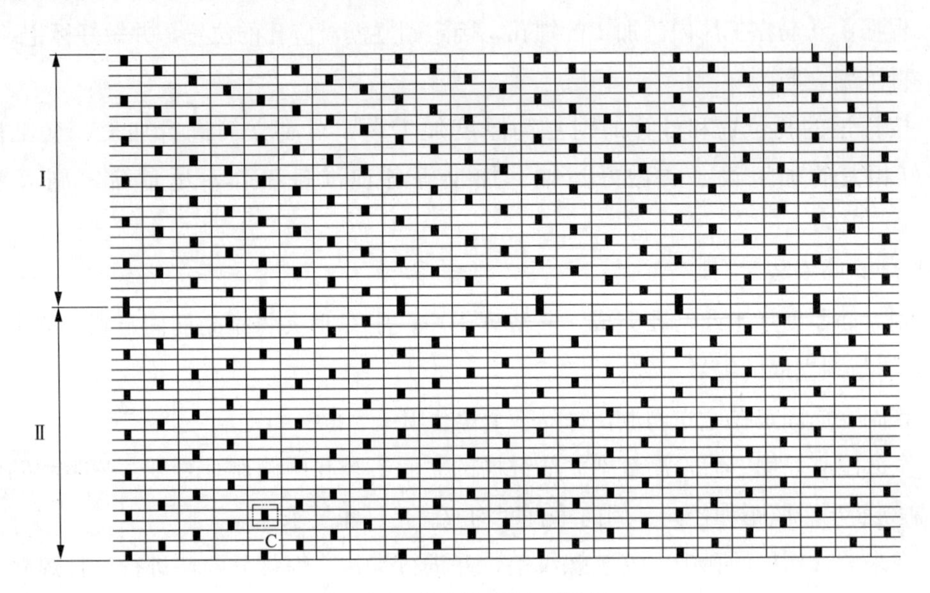

图 2-25　叠片示意图（样图）

3）除补偿片外，磁轭片必须整张使用。

4）各段叠片高度是按正常片的理论厚度计算的，但由于磁轭片自身的厚度偏差，实际叠装时会有所出入。叠片过程中，应根据需要进行补偿修正，并且应在每段磁轭叠装过程中不断补偿修正，使补偿片沿磁轭高度均匀分布。在叠片前，测量几张冲片的厚度尺寸，估算补偿量，避免叠装后无法进行补偿而重新叠装。

5）磁轭叠装至一定高度时，应插入定位销。随着叠片高度不断增加，应经常晃动定位销防止锁死。叠片至厂家要求的高度，应插入磁极 T 尾槽整形工具。整形时，相对 180°位置的两个 T 尾槽整形工具应同时固紧。

6）叠片时应随时进行圆度检查，必要时应用橡胶锤进行整形修正。

7）用测圆架检查磁轭叠装时的圆度及同心度。测量控制磁轭与主键间的间隙满足厂家工艺要求，应保持冲片与主键间隙均匀，必要时可调整主键后的垫片。磁轭叠装过程中应不断检查主键的灵活性，并确保主键在磁轭键槽中的切向垂直度。

（4）磁轭压紧（按制造厂家要求进行，此为参考）。

1）根据磁轭装配图纸进行分段压紧过程。

2）达到第一段预压高度后，安装磁轭上压板进行压紧。把紧螺母时应按顺时针方向从

两个对称位置同时开始，所有螺母把紧后再沿逆时针方向把紧一次。先以小扭矩把紧，待全部螺杆预紧一遍后，再次把紧至规定力矩。预紧时应以对角位置的两个螺杆成组把紧。螺杆把紧前可松开T尾槽整形工具少许，螺杆把紧后再紧固。每次预压时应按图纸选择对应长度的工具螺杆。

3）每叠完一段，在磁轭中间压紧前或后均应检查测量磁轭的圆度、同心度及径向垂直度。检查磁轭内外径尺寸和周向波浪度，中、内、外圈磁轭轴向高度，测量副立筋与磁轭主键间隙值、磁轭主键与磁轭键槽间隙值，并做记录。压紧前后控制半径、同心度和垂直度均在厂家工艺要求范围内。

4）磁轭预压合格后，压紧状态下在磁轭内外圆搭焊圆钢做拉筋，用以拉紧磁轭，待最后一次预压紧时磨除。

5）在叠片过程中，应根据需要使用合适厚度的补偿片。除厚度外，提供的补偿片外形尺寸与正常片相同，可根据需要进行剪裁，但应保证内径侧或外径侧至少由一排螺杆固定。

2.9.3.6　磁轭最终压紧（按制造厂家要求进行，此为参考）

每次磁轭压紧后，应测量记录每次压紧高度，并考虑磁轭螺杆有效长度及两端螺纹长度。

磁轭最后一次预压紧后，采用产品螺杆替换工具螺杆，并使用液压拉伸器固紧。待全部螺杆更换后，应再次检查螺杆拉伸是否到规定值。

测量并记录最终压紧前和压紧后磁轭的圆度、同心度及径向垂直度。检查外径、高度、波浪度、叠压系数、把紧力、T尾槽形状等应符合图纸，并检查磁轭外圆与磁极配合平面，个别高点应打磨。

最终尺寸检查合格后，移除磁轭下方支撑工具。

磁轭叠片采用定位销，叠片时并认真仔细，随时进行修正，确保叠片质量，最终压紧后可不必进行扩孔。

部分螺杆孔用于磁轭加热管加热磁轭使用，待磁轭热打键完成后，拔出加热管，再插入螺杆把紧。

2.9.3.7　转子磁轭热打键

（1）磁轭加温。

1）根据主键与副立筋键槽的间隙值、相对应的主键厚度及最终磁轭的径向偏差，以及图纸中规定的打键紧量，确定用于每个主键后应施加的垫片厚度。将每组垫片点焊在一起，清扫所有的键槽和键，按编号将凸键、垫片组与键槽配对。

磁轭热打键紧量及间隙值见厂家图纸。

2）取一个加热器，连接在电源上直至开始发热，检查所有表面是否发热，尤其是上下端部。如果端部没有发热，加热器不得使用。将所有的加热器安装在预留的压紧螺杆孔内，并与配电板进行连接。磁轭必须用接地电缆可靠接地，将电缆和相应的接头、插座用螺钉固定。

3）用绝缘篷布包裹整个磁轭，接缝处应满足厂家要求的搭接量。篷布铺设时要方便主键和垫片的拆装及检查加热温度。

4）均匀加热转子磁轭，并控制加热速度，并用均布磁轭上的温度计监测加热过程。在转子支臂上也应设置温度计，监测转子支臂不被加热。远红外测温计则用于装配主键时控制副立筋的温度。

（2）磁轭键安装。磁轭加热过程中需进行监测，每小时测量记录各监测点温度。

若测量区域内的温度不均匀，应关闭或开启该区域内的管状加热器，以使磁轭加热温度均匀，控制磁轭热膨胀量一致。

测量主键与副立筋键槽之间的间隙，当达到所需膨胀量时，安装主键和垫片。在凸键和垫片上均匀涂抹一层二硫化钼，先安装主键然后再安装垫片。主键、垫片及副立筋的编号应一致。

垫片未插入键槽前应单个测试每组垫片，以确保所有的垫片都能插入相应的键槽中。

主键和垫片安装完成后，插入相应的副键，副键表面应涂二硫化钼，并轻轻打紧，然后关闭所有的加热器进入冷却过程。

（3）磁轭冷却。打开磁轭上、下方的篷布，待磁轭温度下降至厂家要求的温度时，拆除篷布。冷却过程中应监测温度变化，每小时记录一次各测点温度。若部分区域冷却速度快，应立即盖上篷布。磁轭不同区域的温差应满足厂家要求。

冷却完成后，进行整体测量，拆除所有的加热器和T尾槽整形工具，将磁轭清理干净。

（4）磁轭副键安装。清扫所有用于加热器的螺孔，按前文所述的压紧过程安装剩余拉紧螺杆。

拔出副键，再将副键插入槽中，用铜锤锤击副键，使其紧靠键槽，然后再将键取出。

检查主键与副键间的接触面，然后用砂纸打磨高点。重复此操作，直至达到70%接触面积。副键在长度方向有一定的余量，可在工地根据调整的情况进行配割。

副键调整完成后，打入键槽中，直至与主键和副立筋紧密接触。配割后的副键应与上压板齐平，在每个副键顶部按图纸钻攻螺孔。

按图纸安装磁轭与副键之间的垫片组，垫片组间应点焊。该垫片应填实磁轭与副键之间的间隙，折弯后点焊在主立筋侧面。

测量每个副立筋与磁轭上压板间的高度，配加工固定板。

按磁轭装配图要求搭焊磁轭螺母固定块。

（5）磁轭检查涂漆。检查测量所有的设计尺寸，并记录。

对磁轭外圆个别高点进行打磨。磁轭表面按图纸进行涂漆，磁轭内外圆仅涂绝缘清漆以避免锈蚀。涂漆时应保护磁极键槽面和磁轭下压板下表面，不涂漆。

2.9.3.8　转子磁极挂装

（1）复测转子中心测圆架。复查转子中心体下法兰面水平度，全面复查转子磁轭所有数据均为内控目标范围内。

（2）根据实测的定子直径或半径平均值，以及转子装配图中给定的气隙安装值，即可初步确定转子安装直径或半径。

（3）将磁极包装箱运至装配场地后，才可打开包装箱，并使用专用工具进行起吊。

（4）开箱并全面清扫所有磁极，检查所有磁极表面。

检查磁极直流电阻，要求磁极直流电阻值相互间差值不应大于磁极最小直流电阻值的2%，每个磁极的绝缘电阻应满足厂家要求。

检查磁极交流阻抗，其交流阻抗相互之间应无显著差别（根据厂家工艺要求），否则应予以处理。

对每个磁极进行交流耐压试验，试验合格后方可挂装磁极。

（5）按工厂提供的磁极安装位置，将磁极按编号位置进行挂装。起吊磁极时，不可将磁极直接放置在地面上，下面须垫木方。磁极沿磁轭上的T尾槽下降时，应注意无挤压现象，能够顺畅下降到轴向支撑螺栓位置。

（6）在轴向方向上，磁极由固定在磁轭下压板上的一支撑螺栓进行轴向调整和固定。当所有磁极安装后，进行轴向位置调整，然后将支撑螺栓焊接在磁轭下压板上。

（7）按图纸，使用径向调整装置将磁极沿径向向外涨紧。

（8）所有磁极挂装，并用径向调整装置压紧后，测量磁极外径和圆度，不满足要求时可在磁极T尾与磁轭间增减不同厚度的调整垫片（厂家供货），根据需要调整的每个磁极安装位置需要垫不同厚度组合的垫片，并在磁轭两端将垫片折弯后，焊接在磁轭上下压板上。垫片应保证平整，无尖点，且须清理表面干净。

（9）测量单个磁极的绝缘电阻，其值应满足厂家要求，测量单个磁极交流阻抗值，其相互间不应有显著差别（最大最小差不大于20%），试验所加电压不应大于额定励磁电压的20%。分组进行磁极耐压试验。

（10）测量转子磁极的挂装高程。要求各磁极挂装高程与平均高程之差满足厂家要求。

（11）复测转子中心测圆架。分上、中、下三个断面测量各转子磁极铁芯轴对称线位置处的半径、同心度、轴向位置的垂直度均在厂家要求范围内。

2.9.3.9　转子耐压试验

（1）测量整个转子磁极的直流电阻及绝缘电阻，其中，转子绕组绝缘电阻测量值不应小于50MΩ，否则，应进行干燥。干燥后，当转子绕组温度降至室温时，再次测量转子绕组绝缘电阻及直流电阻值。

（2）全面检查整个转子引线装配，按要求对转子引线进行交流耐压试验。

（3）根据转子装配的实际情况进行预配重。

（4）全面清扫整个转子，检查各个部件是否按要求装配，并可靠固定，对焊缝进行外观检查，将焊缝的检查情况记录在记录表中；进行清扫，将清扫情况记录在记录表中。

（5）全面检查转子组装工作，经厂家、监理、业主验收合格后方可进行涂漆。

2.9.4　质量控制要求及指标

2.9.4.1　控制指标

转子组装及安装单元工程的施工质量验收应按层次、部位作为检验项目。根据项目具体情况结合设备厂家要求制定检查控制内容。

2.9.4.2　质量验收

转子组装及安装工程的验收划分为以下几个阶段：圆盘支架焊接、副立筋配刨及安装、磁轭压紧、转子热打键、磁极挂装、转子引线、磁极整体耐压试验。

2.9.5　涉及的强制性条文

2.9.5.1　NB 35074—2015《水电工程劳动安全与工业卫生设计规范》

第 4.1.3 条第 5 款　机械排水系统的水泵管路出水口高层低于下游校核洪水位时，必须在排水管上装设止回阀。

第 4.2.6 条　所有工作场所严禁采用明火取暖。蓄电池室、油罐室、油处理设备室严禁使用敞开式电热器取暖。

第 4.3.1 条第 5 款　保护导体必须有足够的截面和良好的电气连续性，严禁将金属水管、含有可燃性气体或液体的管道，以及正常使用中承受机械应力的导电部分用作保护导体。电气装置的外露可导电部分不得用作保护导体的串接过渡接点。

第 4.5.6 条　枢纽建筑物的掺气孔、通气孔、调压井，应在其孔口设置防护栏杆或设置钢筋网孔盖板，网孔应能防止人脚坠入。

2.9.5.2　GB/T 8564—2003《水轮发电机组安装技术规范》

第 3.6 条　水轮发电机组所用的全部材料，应符合设计要求。对主要材料必须有检验和出厂合格证明书。

第 3.7 条　安装场地应统一规划，并应符合下列要求。

d）施工现场必须有符合要求的施工安全防护设施。放置易燃易爆物品的场所必须有相应的安全规定。

第 4.14 条　机组及其附属设备的焊接应符合下列条件。

a）参加机组及其附属设备各部件焊接的焊工应按 DL/T 679《焊工技术考核规程》或制造厂规定的要求进行定期专项培训和考核，考试合格后持证上岗。

b）所有焊接焊缝的长度和高度应符合图纸要求，焊接质量应按设计图纸要求进行检验。

c）对重要部件的焊接应按焊接工艺评定后制定的焊接工艺程序或制造厂规定的焊接工

艺规程进行。

2.9.5.3　DL 5162—2013《水电水利工程施工安全防护设施技术规范》

第 4.1.2 条　进入施工现场的工作人员，必须按规定佩戴安全帽和使用其他相应的个体防护用品。从事特种作业的人员，必须持有政府主管部门核发的操作证，并配备相应的安全防护用品。

第 4.1.4 条　施工现场的洞（孔）、井、坑、升降口、漏斗口等危险处，应有防护设施和明显标志。

第 4.2.1 条　高处作业面的临空边沿，必须设置安全防护栏杆。

第 4.2.5 条　脚手架作业面高度超过 3.2m 时，临边必须挂设水平安全网，还应在脚手架外侧挂立网封闭。脚手架的水平安全网必须随建筑物的升高而升高，安全网距离工作面的最大高度不得超过 3m。

2.9.6　成品示范

转子支臂把合，如图 2-26 所示。转子组装防尘棚，如图 2-27 所示。转子组装，如图 2-28 所示。转子叠片准备，如图 2-29 所示。转子叠片，如图 2-30 和图 2-31 所示。转子磁轭片整圆，如图 2-32 所示。转子组装完成，如图 2-33 所示。

图 2-26　转子支臂把合

图 2-27　转子组装防尘棚

图 2-28　转子组装

图 2-29　转子叠片准备

图 2-30　转子叠片（一）

图 2-31　转子叠片（二）

图 2-32　转子磁轭片整圆

图 2-33　转子组装完成

2.10　发电机总装

2.10.1　施工准备工作

2.10.1.1　技术准备

施工前进行图纸会审，并按照已批准的施工组织设计（施工方案）进行技术交底，明确施工方法及质量标准、安全环保措施等。

2.10.1.2　材料准备

破布、白布、二硫化钼、平面厌氧胶、砂纸、油石、清洗剂、磨光片及抛光片、煤油、涂平油、氧气、钢琴线、乙炔、重油（柴油或机油）等。

2.10.1.3　施工机具

（1）安装工具：吊装工具、手拉葫芦、千斤顶、钻头、磁力钻、卸扣、吊环、扳手、钢琴线、脚手架等。

（2）测量工具：内径千分尺、外径千分尺、水准仪、钢卷尺、钢板尺、百分表、绝缘电阻表、电气实验设备等。

2.10.2　发电机总装的一般工艺流程

发电机总装的一般工艺流程，如图 2-34 所示。具体工艺流程参考设备厂家安装说明及现场实际。

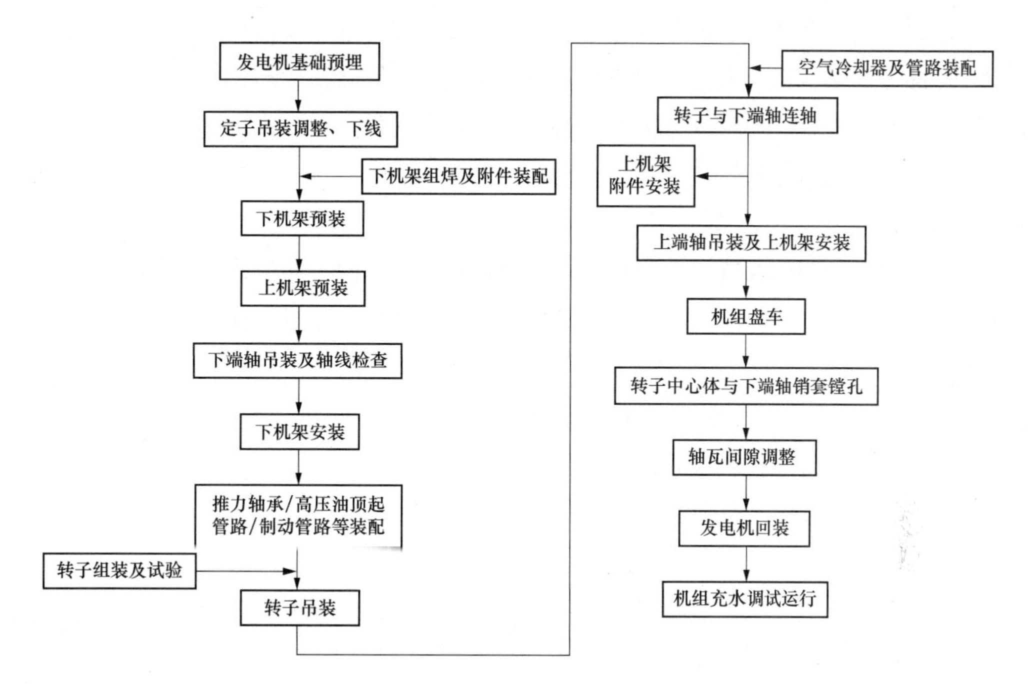

图 2-34　发电机总装的一般工艺流程

2.10.3　主要施工工艺

2.10.3.1　发电机轴吊装

（1）大轴吊装前，需完成水轮机轴与发电机轴销钉螺栓孔找正工作。

1）彻底清扫水轮机法兰和发电机轴上法兰。

2）吊装发电机轴进入水轮机法兰止口，并对正联轴销孔编号及中心。在发电机轴上法兰挂钢琴线，测量发电机下法兰内圆与水轮机轴上法兰内圆同心度，根据测量结果用桥机配合调整发电机轴与水轮机轴同心应在设计规定范围内。对称安装工具螺栓，并按设计要求拧紧，检查法兰面之间无间隙。配合水轮机制造厂对销钉螺栓孔进行镗孔。镗孔在厂家指导下进行。

3）按照镗孔尺寸加工水轮机和发电机大轴连轴螺栓。

（2）在机坑内搭设发电机大轴联接平台。

（3）利用厂家提供的发电机主轴吊装翻身工具，将发电机轴竖立，检查发电机轴下法兰水平度，满足联轴要求后将大轴吊入机坑与水轮机大轴连接。

（4）按照厂家图纸及技术文件要求进行大轴连接，利用联轴螺栓拧紧工具，对称、均匀拧紧螺栓，并测量螺栓伸长值应符合规定要求。

（5）测量大轴水平及垂直度，应满足技术要求。

2.10.3.2　推力机架吊装

（1）在发电机轴下法兰部位布置临时工作平台，并与发电机大轴联接平台组合成整体。

（2）将推力机架（带推力瓦、挡油圈、外油槽及推力外循环冷却器）吊入机坑，将推力机架与基础板螺栓把合。预埋推力机架盖板地脚基础预埋件，按厂内预装编号安装推力机架盖板，并配钻盖板沉头螺孔。

2.10.3.3　推力轴承安装

（1）推力机架与基础板联接螺栓拧紧后，检查组合面间隙满足要求后，复测全部推力瓦上平面水平应在厂家要求范围内。个别瓦超标，通过加减调整垫的方法，直至所有瓦面水平满足要求。

（2）在业主、监理、厂家现场见证条件下，对到货镜板进行开箱检查、清扫。将镜板吊放于推力瓦上，并以发电机轴实际中心初步找正中心。

（3）接好高压油系统外部管路及油泵，做油泵启动试验，检查工作正常。吊装推力头，对正发电机轴上法兰相对位置，安装推力头装拆工具，将推力头套入发电机轴。

（4）在推力头套装至距离镜板背面约5mm时，检查推力头与镜板连接螺孔位置偏差方位，启动高压油系统，用千斤顶平移及旋转镜板，对正连接螺孔，穿入联接螺栓，提起镜板，检查镜板与推力头无间隙后，继续用推力头装拆工具将推力头套入发电机轴，直至镜板与推力瓦完全接触。

2.10.3.4　制动器及管路安装

（1）在推力机架机坑预装时，以推力机架推力轴承支撑面为高程基准，埋设风闸支墩基础板，调整预埋板水平、高程合格后，回填二期混凝土。

（2）转子吊装前，安装制动器。按转子磁轭组装后实测的制动环板相对转子中心体下法兰面距离，重新测量核对推力头上平面至制动器顶面高程应满足图纸要求，必要时，对个别风闸支墩垫板进行加垫或配刨处理。

（3）依图纸配制安装制动器油气管路，并按规范要求对管路进行强度耐压试验，应符合要求。转子吊装前，进行制动器起落动作试验，应灵活无卡阻。

2.10.3.5　转子吊装

（1）转子吊装准备。

1）转子吊装前，根据制造厂技术文件及相关技术规范要求，制定转子吊装方案及技术、安全措施，报经监理人审批后实施。

2）对厂房桥机进行全面检修、并车及试车。在转子底部安装转子挠度测量支架。在桥机主梁下部安装主梁挠度测量装置；只在桥机吊装第一台转子进行这项工作。准备足够数量的转子吊装定转子间隙限位木板条。

（2）转子吊具安装。

1）利用桥机组装转子吊轴及专用吊具，各部位的联接螺栓应对称均匀拧紧，螺栓的预

紧力应达到制造厂规定要求。

2）对桥机进行并车做联动起落试验，然后将平衡梁与桥机的主钩连接，并找平衡。

3）将平衡梁与转子吊具连接。

（3）转子吊装。

1）拆除转子组装支墩固定部件。

2）在安装场做转子起落试验，检查桥机制动闸工作情况。测量转子挠度及桥机主梁挠度值。拆除转子挠度测量支架。

3）清扫转子中心体下部法兰面，并用研磨平台检查法兰平面度。同时，将制动环板清理干净，对转子上、下的焊疤铲除，并磨平检查螺栓不应高于制动环板。

4）将转子吊入机坑，用木板条插入定、转子气隙间进行导向，监测转子与推力头法兰面接触前，准确调整转子水平、方位和中心，在转子中心体与发电机主轴联轴螺栓孔内对称安装 2 个临时联轴螺栓。调正推力头，将转子平稳落于推力头上。

5）安装推力头与转子联接螺栓，并按照力矩要求均匀拧紧。

6）拆卸转子吊具及吊轴。

7）在转子吊装前后，通过水准仪在推力机架中心体下部固定点测量读取推力机架挠度数据。

（4）转子联轴。

1）检查发电机主轴、水轮机主轴及转轮与固定部分径向间隙，应符合要求。

2）利用厂家提供的联轴工具，均匀、平稳地将发电机主轴提起，并与转子中心体连接，对称、均匀拧紧联轴螺栓，并按照图纸要求完成发电机主轴的联轴及测量调整工作。

3）检查组合面法兰间隙应满足要求。

4）抽出水轮机转轮底部的垫板，放开水导轴承瓦间隙。

5）读取推力机架挠度数据，根据转子吊装前转子及定子磁力中心线标记测量计算定转子磁力中心线高差应符合要求。

6）联轴螺栓全部安装完成后，利用液压拉伸工具对称逐个检查联轴螺栓力矩及伸长值，应满足图纸要求。盘车检查水导摆度应满足相关规定要求。

7）联轴螺栓安装完成后，按图纸要求对螺栓进行点焊或锁锭块安装处理。

2.10.3.6　上端轴安装

（1）清扫上端轴，检查上端轴绝缘应良好。

（2）吊装发电机上端轴，按要求对上端轴进行找正，然后对称均匀拧紧联轴螺栓达到规定的力矩，并测量伸长值符合要求。

2.10.3.7　上机架安装

（1）吊装上导轴承挡油圈、油冷却器等部件。油冷却器吊装前应进行单个水压试验。

（2）清扫检查上机架基础板及上机架与定子组合面，将上机架按图纸位置、方位要求吊入机坑安装，定子机座上环板上安装上机架基础，调整上机架的中心、水平及高程。然后将上机架基础固定板焊接于定子上环板上，同时，安装上机架在机坑上的支撑件及上风洞盖板的基础件。机组盘车结束后浇二期混凝土。

(3) 将上导轴承瓦均布于上导轴承油槽外围。

2.10.3.8　机组轴线盘车检查

对机组进行盘车检查，主要内容包括机组轴线检查、机组中心检查。盘车前将机组静态中心调整满足规范要求后，对称抱紧4块下导瓦，启动推力高压油系统条件下采用人力盘车方式。

(1) 盘车准备。

1) 检查机组转动部分与固定部分径向间隙，转动部分应处于自由状态。

2) 4块下导瓦抱紧镜板外圆，抱瓦单边间隙应满足厂家工艺要求。

3) 在集电环、上导轴颈、下导轴颈、水导轴颈、水轮机和发电机联轴法兰及推力头处均布标记8个测量点，并按顺时针编号，在镜板的轴向及其各测量部位$+Y$、$+X$方位架设百分表。

(2) 轴线分段盘车调整。轴线分段盘车调整步骤：水导摆度检查调整→水发法兰精镗孔→水发联轴螺栓拉伸→机组旋转中心测量调整→上端轴摆度调整→上端轴螺栓拉伸→集电环、补气管摆度检查调整。

1) 水导摆度检查调整。

(a) 分别在推力头、发电机下法兰、水轮机上法兰、水导轴颈$+Y$、$+X$方向架设百分表，盘车检查水导摆度应满足要求。若需调整，松开水发联轴工具螺栓，调整两法兰相对位移，对称紧固工具螺栓，重新盘车检查直至水导摆度符合规范要求。

(b) 配合水轮机承包人进行水发联轴法兰销钉螺孔精镗工作，完成后对称进行联轴螺栓拉伸，伸长值应满足设计要求。

2) 机组旋转中心调整。

(a) 将转子1号磁极旋转至$+Y$位置，在水轮机底环上下固定止漏环部位均匀标示12个测量点；在推力机架内圆加工基准面均匀标示4个测量点。

(b) 旋转转子，在转子1号磁极处于$0°$、$180°$时测量水轮机转轮上下止漏环间隙及推力机架内圆加工基准面至发电机轴外圆距离，计算转轮静态偏心及旋转中心偏心，绘制转轮偏心分布图，并根据计算获得的转轮旋转中心偏心值调整转轮旋转中心，应满足设计及规范要求。

3) 在推力头及上导轴颈架百分表，盘车检查调整上端轴摆度满足规范及设计要求，完成后对称进行联轴螺栓拉伸，伸长值应满足设计要求。

4) 分别安装集电环及补气管，盘车检查调整满足规范及设计要求。

(3) 机组旋转中心复测及定转子空气间隙扫描。

1) 将转子1号磁极旋转至$+Y$位置，复测机组旋转中心满足要求。

2）机组旋转中心检查调整合格后，盘车检查下述各部位间隙，应满足图纸及规范要求。

a）测量转子1号磁极处于逆时针0°、180°时定转子空气间隙及推力机架内圆加工基准面至发电机轴外圆距离，计算转子中心偏心及摆度，应满足设计要求，绘制转子偏心分布图。

b）以定子铁芯+Y方向为定点，旋转转子，测量圆周等分磁极与定子铁芯+Y方向上下端空气间隙，计算转子圆度，应满足设计要求。

c）以转子1号磁极为定点，旋转转子，测量1号磁极相对定子圆周14点上下端空气间隙，计算定子圆度，应满足设计要求。

2.10.3.9　轴瓦间隙调整

(1) 机组盘车完成后，根据各部轴承设计间隙、轴承处轴线偏心及机组中心偏差，计算三部导轴承各块瓦间隙，并对导轴瓦进行安装调整。

(2) 导轴承间隙调整前，在百分表监测下，将各导轴承轴颈进行可靠固定，三部导轴承间隙全部调整完成后，测量轴颈至导轴瓦座之间的距离，撤除固定工具。

(3) 安装轴承挡油圈、冷却器、油水气管路等附件，注入合格汽轮机油。

2.10.3.10　发电机附件安装

发电机附属设备的安装，根据发电机主体设备组装及安装实际进度要求进行安装。原则上，在满足图纸要求及施工进度要求的情况下，尽可能在机坑外完成附属设备管路的安装与焊接工作，避免在机坑内安装与焊接辅机管路而造成机坑安装环境的污染。

(1) 定子空气冷却器及其供、排水管路在上机架或上盖板安装前进行安装。

1）安装前应全面清扫定子及空气冷却器，并按照图纸要求对单个空气冷却器进行水压试验。

2）按照图纸要求安装空气冷却器及供、排水系统管路和附件。

3）按照规范要求，对系统管路及设备进行整体水压试验。

(2) 制动、顶起系统设备及管路应在转子吊装前安装完成，并完成管路压力试验，具备使用条件。

(3) 机组轴承润滑油系统管路及附件安装。

1）机组轴承油系统应按照有关规范和设计要求进行管路、附件和自动化元件的安装，充油前检查油系统管路及附件应无渗漏，自动化元件应完好且工作正常。

2）轴承油系统管路安装前应对管路进行清扫检查，推力轴承外循环油管路安装后，应对供、排油管路进行冲洗。

(4) 机组轴承油冷却系统管路及附件安装。

1）推力轴承油冷却系统为外加泵循环方式，油泵及油冷却器设在油槽外部（推力机架机坑内），在机坑内进行组装，总装时按设计图纸与外部管道系统连接成整体。

2）管路配制在主体部件安装完成后进行。安装前，对管路及附件进行开箱检查验收，设备规格、数量、型号及外观质量均应与设备技术文件要求相符。

3）根据制造商技术文件要求及有关规范要求，进行管路及附件的清扫、检查及试验。

4）在施工部位搭设施工平台，清理管道支架基础，根据系统管路施工详图进行管道及支架安装。

5）轴承油冷却系统管路安装完成，按照要求进行整体管路压力试验。

（5）发电机其他附属设备安装。发电机附属设备安装除上述附属设备外，还包括发电机外罩、中性点引出线、中性点成套设备、机坑照明、电加热器、除湿机及温度开关、液位信号器、示流信号器、压力开关、限位开关、温度检测计、齿盘测速装置、振动摆度传感器、蠕动传感器、发电机局部放电检测装置、发电机气隙检测装置、机组振摆监测柜等发电机自动化元件，机组测量及控制保护等附属设备的安装，按照设计图纸及厂家要求进行安装。

2.10.4　质量控制要求及指标

2.10.4.1　控制指标

发电机总装单元工程的施工质量验收应按层次、部位作为检验项目。根据项目具体情况结合设备厂家要求制定检查控制内容。

2.10.4.2　质量验收

发电机总装工程的验收划分为以下几个阶段：推力机架中心、高程、水平已验收合格，上机架中心、高程、水平已验收合格，机组盘车合格、导瓦间隙调整合格、推力轴承及导轴承安装、发电机附件安装。

2.10.5　涉及的强制性条文

2.10.5.1　NB 35074—2015《水电工程劳动安全与工业卫生设计规范》

第4.1.3条第5款　机械排水系统的水泵管路出水口高层低于下游校核洪水位时，必须在排水管上装设止回阀。

第4.2.6条　所有工作场所严禁采用明火取暖。蓄电池室、油罐室、油处理设备室严禁使用敞开式电热器取暖。

第4.3.1条第5款　保护导体必须有足够的截面和良好的电气连续性，严禁将金属水管、含有可燃性气体或液体的管道，以及正常使用中承受机械应力的导电部分用作保护导体。电气装置的外露可导电部分不得用作保护导体的串接过渡接点。

第4.5.6条　枢纽建筑物的掺气孔、通气孔、调压井，应在其孔口设置防护栏杆或设置钢筋网孔盖板，网孔应能防止人脚坠入。

2.10.5.2　GB/T 8564—2003《水轮发电机组安装技术规范》

第3.6条　水轮发电机组所用的全部材料，应符合设计要求。对主要材料必须有检验和出厂合格证明。

第3.7条　安装场地应统一规划，并应符合下列要求。

d）施工现场必须有符合要求的施工安全防护设施。放置易燃易爆物品的场所必须有相应的安全规定。

第 4.11 条　设备及其连接件进行严密性耐压试验时，试验压力为 1.25 倍的实际工作压力，保持 30min，无渗漏现象，进行严密性试验时，实验压力为实际工作压力，保持 8h 无渗漏现象。单个冷却器应按设计要求的试验压力进行耐水压试验，设计无规定时试验压力一般为工作压力的 2 倍但不低于 0.4MPa，保持 30min 无渗漏现象。

第 4.12 条　设备容器进行煤油渗滤试验时至少保持 4h 无渗漏现象，容器做完渗漏试验后一般不易再拆卸。

第 4.14 条　机组及其附属设备的焊接应符合下列条件。

a）参加机组及其附属设备各部件焊接的焊工应按 DL/T 679《焊工技术考核规程》或制造厂规定的要求进行定期专项培训和考核，考试合格后持证上岗。

b）所有焊接焊缝的长度和高度应符合图纸要求，焊接质量应按设计图纸要求进行检验。

c）对重要部件的焊接应按焊接工艺评定后制定的焊接工艺程序或制造厂规定的焊接工艺规程进行。

2.10.5.3　DL/T 507—2014《水轮发电机组启动试验规程》

第 3.01 条　水轮发电机组及相关机电设备安装完工检验合格后，应进行启动试运行试验，试验合格及交接验收后方可投入系统并网运行。

第 4.4.1 条　发电机整体试验和检查合格，记录完整。发电机内部已进行彻底清扫，定、转子及气隙内无任何杂物。发电机风洞已检查无遗留杂物。

第 4.9.2 条　发电机内消防系统检验合格。

第 4.9.8 条　按机组启动试验大纲要求的临时性灭火器具配置已完成。

第 5.2.3 条　充水过程中必须密切监视各部渗漏水情况，确保厂房及其他机组安全，发现漏水等异常现象时，应立即停止充水进行处理，必要时将尾水管排空。

第 6.1.5 条　启动高压油顶起装置顶起发电机转子。对无高压油顶起装置的机组，在机组启动前应用高压油泵顶起转子，油压解除后，检查发电机制动器，确认制动器活塞已全部下落。装有弹性金属塑料推力轴瓦的机组，首次启动时也应顶一次转子。

2.10.5.4　DL 5162—2013《水电水利工程施工安全防护设施技术规范》

第 4.1.2 条　进入施工现场的工作人员，必须按规定佩戴安全帽和使用其他相应的个体防护用品。从事特种作业的人员，必须持有政府主管部门核发的操作证，并配备相应的安全防护用品。

第 4.1.4 条　施工现场的洞（孔）、井、坑、升降口、漏斗口等危险处，应有防护设施和明显标志。

第 4.2.1 条　高处作业面的临空边沿，必须设置安全防护栏杆。

第 4.2.5 条　脚手架作业面高度超过 3.2m 时，临边必须挂设水平安全网，还应在脚手架外侧挂立网封闭。脚手架的水平安全网必须随建筑物的升高而升高，安全网距离工作面的最大高度不得超过 3m。

2.10.6 成品示范

制动器安装，如图 2-35 所示。转子吊装，如图 2-36 所示。发电机总装完成，如图 2-37 所示。

图 2-35 制动器安装

图 2-36 转子吊装

图 2-37 发电机总装完成

第三章　辅助设备及管路部分标准化施工工艺

3.1　编制依据

本手册在编写过程中，参考以下标准规范及相关文件。

（1）GB/T 8564《水轮发电机组安装技术规范》。

（2）GB 50236《现场设备、工业管路焊接工程施工规范》。

（3）GB 50235《工业金属管路工程施工规范》。

（4）GB 50243《通风与空调工程施工质量验收规范》。

（5）《工程建设标准强制性条文　电力工程部分》。

以上标准和规范应按照最新版本执行。

3.2　适用范围

本手册适用于雅砻江流域水电开发有限公司流域水电站机电设备安装工程机械辅助各系统的管路和设备安装工程，具体范围如下。

（1）技术供水系统。

（2）检修、渗漏排水系统。

（3）压缩空气系统。

（4）汽轮机油系统。

（5）通风、空调系统。

3.3　一般规定

3.3.1　管材和管件的采购

3.3.1.1　采购的管材和管件必须具有制造厂的材质证明书和质量证明书，其质量不得低于GB/T 3091《低压流体输送用焊接钢管》、SY/T 5037《普通流体输送管道用埋弧焊钢管》、GB/T 14976《流体输送用不锈钢无缝钢管》、GB/T 8163《输送流体用无缝钢管》、CECS 205《内衬（覆）不锈钢复合钢管管道工程技术规程》、CJ/T 192《内衬不锈钢复合钢管》、GB/T 32958《流体输送用不锈钢复合钢管》的规定。

3.3.1.2　采购的管材和管件的材质、规格、型号、质量应符合设计文件的规定，并应按第3.3.1.1条的标准进行外观检验，不合格者不得使用。

3.3.2 管材和管件的领用和保管

3.3.2.1 管材、管件由材料库领出时，应对管材、管件的外观质量进行检查，要求管材和管件外观符合设计及规范要求。管材应平直，不应有弯曲。

3.3.2.2 管材和管件运至施工部位，如需暂时存放，应按照管材和管件的规格、型号在指定地点分类摆放。要求管材、管件摆放整齐，对管材和管件采取适当保护措施，并按照规格、型号制作标识牌。防止管材和管件因为磕碰出现缺陷，以及被污泥、污水、污油等污染。

3.3.3 管材的切割、打磨

3.3.3.1 DN100以下管材采用型材切割机下料，DN100以上不锈钢管采用等离子切割机下料，普通碳钢管采用氧气、乙炔火焰下料。

3.3.3.2 使用型材切割机下料时，管材下料前要对使用设备进行校核，使用角尺对型材切割机的夹具角度进行测量，应保证夹具与砂轮片间的角度为90°。下料后应注意清理管路内、外壁的毛刺和铁屑。

3.3.3.3 不锈钢管材使用等离子切割机下料时，应清理干净管路内、外壁的熔渣、飞溅物及氧化物。

3.3.3.4 碳钢管材使用氧气、乙炔火焰下料时，应清理干净管路内、外壁的熔渣、飞溅物及氧化物。

3.3.3.5 切口表面应平整，无裂纹、重皮、毛刺、凹凸、缩口、熔渣、氧化物、铁屑等。切口端面倾斜偏差不应大于管子外径的1%且不能超过2mm。

3.3.3.6 无论采用何种切割方式，管材在进行切割前，都要使用直口样板进行划线定位。

3.3.3.7 管路接头处应根据管壁厚度选择适当的坡口形式和尺寸，一般壁厚不大于4mm时，选用I型坡口；壁厚大于4mm时，采用70°角的V形坡口，钝边为0～2mm。坡口打磨应光滑，无缺陷。

3.3.4 弯管的制作

3.3.4.1 管路的弯曲半径，热弯管时一般不小于管径的3.5倍；冷弯管时一般不小于管径的4倍；采用弯管机热弯时，一般不小于管径的1.5倍。

3.3.4.2 热弯管时，加热应均匀，升温应缓慢，加温次数一般不超过3次。

3.3.4.3 弯制有缝管时，其纵缝位置应置于水平与垂直之间的45°处。

3.3.4.4 管路弯制后的质量应符合下列要求。

（1）无裂纹、分层和过烧等缺陷。

（2）管子截面的最大与最小的径差，一般不超过管径的8%。

（3）弯曲角度应与样板相符。

（4）弯管内侧波纹褶皱高度一般不大于管径的3%，波距不小于波纹高度的4倍。

（5）环形管弯制后，应进行预装，其半径偏差一般不大于设计值的2%；管子应在同一平面上，其偏差不大于40mm。

3.3.5　管路的配置

3.3.5.1　管路在配置前，应对管材和管件进行外观质量检查，发现缺陷应及时处理或更换。应注意法兰密封面是否存在影响密封性能的缺陷。

3.3.5.2　认真核对设计图纸，严格按照设计图纸的尺寸进行施工。

3.3.5.3　在施工现场找出准备对接的预埋管路，按照图纸核对预埋管路出口位置，应符合设计及规范要求，一般误差不大于10mm。

3.3.5.4　管路配置时进行实地测量放线，按管路尽量靠近墙面、天花板和梁柱的原则实测各管节长度，并编号下料。安装时彻底清洗管路内污物、泥浆和一切杂物，确保所有管路内部清洁。

3.3.5.5　进行管路配置时，应及时进行管路支吊架的安装和调整，要求如下。

（1）应严格按照设计图纸的尺寸进行施工。

（2）支吊架安装应整齐、美观、牢固，并应与管子接触良好。

3.3.5.6　焊接定位焊缝时，应采用与根部焊道相同的焊接材料和焊接工艺，并应由合格的焊工施焊。定位焊缝的长度、厚度和间距应能保证焊缝在正式焊接过程中不致开裂。

3.3.5.7　管路进行配置时，应按照以下标准进行施工。

（1）管路安装位置（坐标及标高）的偏差一般室外不大于10mm，室内不大于5mm。

（2）水平管弯曲和水平偏差，一般不超过0.1%，且不超过15mm；立管垂直度偏差，一般不超过0.1%，且不超过8mm。

（3）排管安装应在同一平面上。偏差不大于3mm，管间间距偏差应在0～+3mm。

（4）自流排水管和排油管坡度应与液流方向一致，坡度一般在0.2%～0.3%。

（5）管路对口错边应不超过壁厚的10%，且最大不超过1mm。

（6）管路对口检查平直度，在距接口中心200mm处测量允许偏差1mm；全长允许偏差不超过6mm。

3.3.6　管路的焊接

3.3.6.1　油、气系统及有特殊要求的水系统管路中的不锈钢管对口焊接时，应采用氩弧焊封底，电弧焊盖面的焊接工艺；DN50及以下的不锈钢管对口焊接采用全氩弧焊。

3.3.6.2 管路焊接的工艺要求

（1）焊条的选用，应按照母材的化学成分、力学性能、焊接接头的抗裂性、使用条件及施工条件等确定，且焊接工艺性能良好。

（2）严禁在坡口之外的母材表面引弧和试验电流，并应防止电弧损伤母材。

（3）不锈钢管对口焊接用氩弧焊打底时，焊缝内侧应充氩气或其他保护气体，或者采取其他防止内侧焊缝金属被氧化的措施。

（4）焊接时应采取合理施焊方法和施焊顺序，焊接过程中应保证起弧和收弧处的质量，收弧时应将弧坑填满。多层焊的层间接头应错开。

（5）应在焊接作业指导书规定的范围内，在保证焊透和熔合良好的条件下，采用小电流、短电弧、快速焊和多层多道焊工艺，并应控制层间温度。

3.3.6.3 管路的焊接工作应由具有焊接资质的合格焊工进行焊接。在焊接前应对焊工进行焊接试件的考核，考核合格才可正式焊接。

3.3.6.4 焊接材料的储藏、保管及使用

（1）焊条、焊丝、焊剂存放在通风、干燥和室温不低于5℃的专设库房内，焊条存放架高出地面50cm，距离墙面50cm。

（2）焊条设专人保管、烘焙和发放，并做好烘焙实测温度记录和焊条发放、回收记录；烘焙温度和保温时间严格按厂家说明书的规定进行，烘干后的焊条立即存入100～150℃的恒温箱中随用随取；现场使用的焊条从恒温箱取出后应立即装入焊条保温筒中，焊条保温筒接入焊接回路，筒内保持100～150℃的温度；焊条在保温筒内储藏的时间不超过4h，超过4h后重新烘焙，重新烘焙次数不超过2次。

（3）严禁使用未经烘干的焊条。烘烤后发现药皮开裂、药皮脱落、焊芯生锈的焊条均应做报废处理。

3.3.6.5 焊缝质量检查

（1）焊缝表面加强高度，其值为1～2mm；遮盖面宽度，I形坡口为5～6mm，V形坡口盖过每边坡口约2mm。

（2）焊缝表面应无裂纹、夹渣和气孔等缺陷。咬边深度应小于0.5mm；长度不超过焊缝长的10%，且小于100mm。

（3）除自流排放介质的管路外，管路的焊缝均应在介质为水的强度耐压试验中进行检查，试验压力为1.5倍额定工作压力，但最低压力不得小于0.4MPa，保持10min，不得有渗漏及裂纹现象。

（4）额定工作压力大于8MPa的管路对接焊缝，除进行介质为水的强度耐压试验外，还应进行射线探伤的抽样检验。抽检比例和质量等级应符合设计要求，设计无要求时抽检比例不得低于5%，其质量不得低于Ⅲ级。

3.3.7　管路的安装

3.3.7.1　明管安装时，所用的管材、管件、紧固件、密封垫等材料的规格材质符合设计要求，阀门及表计的安装位置正确，便于操作和检修维护。明管安装整齐美观，管路水平度、垂直度符合要求，法兰螺栓紧固时对称进行把紧，保持法兰面平行，螺栓的螺母应在法兰同一侧，螺栓露出螺母2～3个螺距。不锈钢螺栓在安装时应在螺栓上涂抹二硫化钼等润滑剂，以保证螺栓可以正常拆卸。明管平焊法兰内外焊缝均需焊接。

3.3.7.2　法兰的密封面及密封垫片确保没有影响密封性能的划痕、斑点等缺陷，垫圈尺寸确保与法兰密封面相符。法兰和管路安装时，法兰与管路同心，保证螺栓自由穿入。法兰间保持平行，其偏差不大于法兰外径的1.5‰，且不大于2mm，不能用强紧螺栓的方法消除歪斜。

3.3.7.3　管路安装工作暂停施工时，管口一律用钢板进行可靠封堵。所有油管应彻底清洗干净，清除掉所有的表面氧化层。所有法兰用防护罩保护运输，管子端头用保护板保护运输。弯管应在工厂内制作，并符合安装、装卸和运输的要求。

3.3.7.4　管路连接时，不采用强力对口、加热管子、加偏心垫或多层垫等方法来消除接口端面的空隙、偏斜、错口或不同心等缺陷。水平弯管弯曲和水平偏差不超过0.1%，立管垂直度偏差不超过0.1%。成排管确保在同一平面上，偏差不大于3mm，管间间距偏差0～3mm；排水管和排油管的坡度与液流方向一致，坡度在0.2%～0.3%。

3.3.7.5　管路安装时，应及时进行支、吊架的固定和调节。支、吊架位置应正确，安装应整齐、牢固，并与管子接触良好。管子、管件及阀门安装前，内部应清理干净。调速系统油管路必须严格清洗干净，用白布检查，不应有污垢。安装时，应保证不落入脏物。

3.3.8　管路的压力试验

机械辅助设备系统管路及附件安装完成后进行强度和严密性耐压试验，试验按规范和图纸要求进行。

3.3.8.1　现场制造的承压设备及连接件进行强度耐水压试验时，试验压力为1.5倍额定工作压力，但最低压力不得小于0.4MPa，保持10min，无渗漏及裂纹等异常现象。

3.3.8.2　设备及其连接件进行严密性耐压试验时，试验压力为1.25倍实际工作压力，保持30min，无渗漏现象；进行严密性试验时，试验压力为实际工作压力，保持8h，无渗漏现象。

3.3.8.3　设备容器进行煤油渗漏试验时，至少保持4h，应无渗漏现象，容器做完渗漏试验后一般不宜再拆卸。

3.3.8.4　试验工作按各系统进行，每个系统视管路布置而定，采用分段或整体进行试验。对预埋的进、出水管，排污管进行充水检查，保证其畅通无杂物、清洁干净。

3.3.9 管路的清洗

3.3.9.1 水管路在强度耐压试验和严密性耐压试验合格后，须分段进行冲洗和清扫。在管路进行清洗过程中，须将冷却器等用水设备隔离或短接，防止冲入设备中的杂物堵塞设备。所有管路都应进行清洗，冲洗应连续进行，以排出口的水色和透明度与入口水目测一致为合格。

3.3.9.2 油管路在强度耐压试验和严密性耐压试验合格后，管路须吹干后采用热油循环的方法进行清洗，以滤纸清洁无杂物为合格。

3.3.9.3 气管路在强度耐压试验和严密性耐压试验合格后，须分段用气吹扫和干燥处理。空气吹扫过程中，当目测排气无烟尘时，在排气口设置贴白布或涂白漆的木制靶板检验，5min 内靶板上无铁锈、尘土、水分及其他杂物为合格。

3.3.10 管路涂装

3.3.10.1 喷涂前，被喷涂的表面必须清理干净，不得有油、水及其他污物。管材表面有缺陷的地方应使用氩弧焊进行补焊和打磨。喷刷施工一般应在容器、管路试压合格后进行。未经试压的大口径钢管如需涂漆，应留出焊缝部位及有关标记。设备、管路安装后不易涂漆的部位，应预先涂漆。

3.3.10.2 涂漆的种类、层数、颜色、标记等应符合设计和规范要求，并参照涂料产品说明书进行施工。一般应用防锈漆打底，调和漆罩面，底漆与面漆的性能应匹配。用多种油漆调和配料时，应性能适应、配比合适、搅拌均匀，并稀释至适宜稠度，不得含有硬层漆面等杂物。调成的漆料应及时使用，余料应密封保存。

3.3.10.3 涂漆施工宜在 10～40℃的环境温度下进行，并应有防水、防冻、防雨措施。现场涂漆一般应任其自然干燥。多层涂刷的前后间隔时间应保证漆膜干燥，涂层未经充分干燥，不得进行下一工序施工。手工涂刷时，应往复进行，纵横交错，保证涂层均匀。

3.3.10.4 喷漆是利用压缩空气为动力，喷涂时，喷枪与喷漆面应相距 250～350mm，喷嘴移动速度宜保持在 10～18m/min，压缩空气压力为 0.3～0.4MPa。

3.3.10.5 涂漆质量应符合下列要求。

（1）涂层应均匀，颜色应一致。

（2）漆膜应附着牢固，无剥落、皱纹、气泡、针孔等缺陷。

（3）涂层应完整，无损坏、流淌。

（4）涂层厚度应符合要求。

（5）各系统管路的颜色按相关标准和国内电站惯例确定颜色。

（6）在涂漆时应注意对其他不涂漆位置的防护，防止油漆滴落。

（7）在涂刷管路内介质流向标识时，应注意不要将方向涂错，不要把油漆涂到流向标识

以外的地方。

3.4 机组技术供水系统设备及管路安装

3.4.1 技术供水系统施工流程

技术供水系统施工流程，如图 3-1 所示。

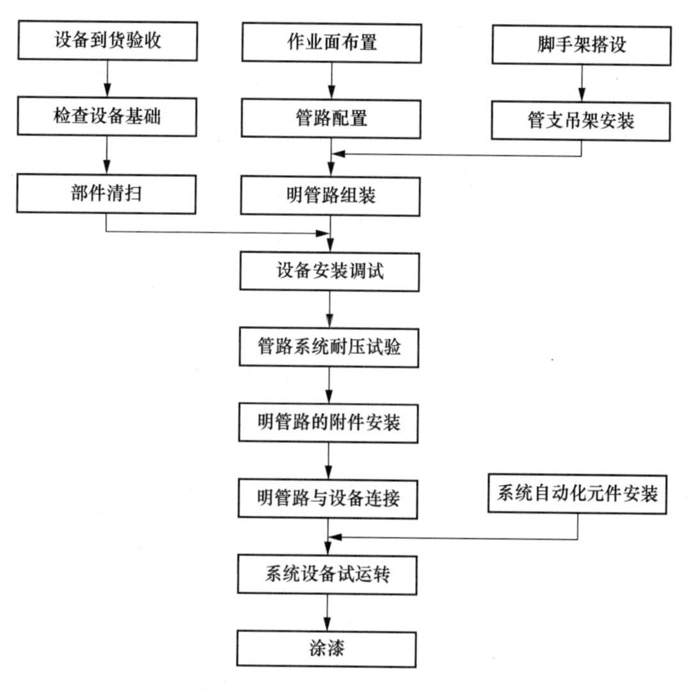

图 3-1 技术供水系统施工流程

3.4.2 主要施工工艺

3.4.2.1 管路的安装

（1）在管路安装前，首先检查管子、法兰、焊条及管件等原材料及半成品的质量是否符合设计要求，管子从外观上检查应无缺陷。

（2）明设管路公称直径 DN100 及以下管路应采用型材切割机进行切割下料，DN100 以上管路采用等离子切割机进行切割下料，切割后的管口采用砂轮磨光机或气动坡口机进行 V 形坡口的切削打磨。

（3）管件及附件制作均按图进行施工，尺寸偏差符合设计要求。

（4）管路成排布置时，应按顺序排列整齐，且在同一平面内间距偏差应满足要求。

（5）当安装成组平行管路时，应按其管径大小，做到有次序排列，管路有转弯处的弧度应弯曲一致，其弯曲半径应在同一中心点，当遇有交叉管子时，两管之间须留有 10mm 以上间距。

（6）管路在穿过隔墙和楼板时不得有焊口。在管路焊缝上不得开孔，如必须开孔时，焊缝应做无损探伤，密封面及密封垫不得有影响密封性能的缺陷存在，密封垫的材质与工作介质及压力要求相符。压力管路弯头处，不设置法兰。

（7）管螺纹接头的密封材料，宜采用聚四氟乙烯带或密封膏。拧紧螺纹时，不得将密封材料挤入管内。

（8）安装完毕的管路应排列整齐，外形美观。

（9）明管安装技术要求。

1）管路安装位置（坐标及标高）的偏差一般不大于5mm；管路上的阀门、仪表安装位置应合理，需满足运行人员日常巡检、操作的便利性要求。

2）水平管弯曲和水平偏差，一般不超过0.1%，且不超过15mm；立管垂直度偏差，一般不超过0.1%，且不超过8mm。

3）排管安装应在同一平面上。偏差不大于3mm，管间间距偏差应在0～3mm。

4）自流排水管和排油管坡度应与液流方向一致，坡度一般在0.2%～0.3%。

5）法兰密封面及密封垫不得有影响密封性能的缺陷存在。垫片厚度，除低压水管用橡胶板可达4mm外，其他一般为1～2mm，垫片不得超过两层。

6）法兰把合后应平行，偏差不大于法兰外径的1.5‰，且不大于2mm。紧固螺栓的规格尺寸、安装方向应一致，螺栓压紧力应均匀，螺栓应露出螺母2～3个螺距。

7）管子与平法兰焊接时，应采取内外焊接，内焊缝不得高出法兰工作面，所有法兰与管子焊接后应垂直，一般偏差不超过1%。

8）压力管路弯头处，不应设置法兰。

3.4.2.2　系统设备的安装

（1）自动滤水器的安装。

1）供水系统自动滤水器安装前检查进水口、出水口、排污口与相配的阀门尺寸是否吻合。

2）滤水器基础尺寸符合设计及有关规范要求，自动滤水器安装方向应正确。

3）检查自动滤水器进水口、出水口、排污口与对应埋管及设备垂直度，应满足各部尺寸偏差要求，在自动滤水器互相平行的两侧挂线坠校核；自动滤水器垂直度、水平、高程及中心满足要求后，按设计要求与基础固定。

4）在与管路配置前进行充水检查，保证设备畅通、清洁。

（2）阀门的安装。阀门安装前做耐压和密封性试验，检查手动操作的灵活性，并且清扫干净，并根据介质流向确定阀门的安装方向。当阀门与管路以法兰或螺纹方式连接时，将阀门处在关闭状态下安装，各种阀门安装后确保位置正确，阀杆手柄的朝向便于操作，转动灵活；DN300以上的阀门要有独立的支架，阀门两边的连接管不宜过长，防止阀门处应力集中。连接阀门的法兰与管子的焊接必须脱开阀门单独焊接，不能连接在阀门上焊接。阀门安装位置应合理，需满足运行人员日常巡检、操作的便利性要求。

(3) 仪表的安装。仪表经质检合格后，按设计要求进行安装，仪表盘的垂直度、水平度符合设计要求，并布置合理，连接牢固。观察仪表位置应合理，需满足运行人员日常巡检、操作的便利性要求。

3.4.2.3　压力试验

(1) 工地自行加工的承压容器和工作压力在 1MPa 及以上的管件，按有关规定做强度耐压试验。工地自行加工的无压容器按有关规定做渗漏试验。工作压力在 1MPa 及以上的阀门和 1MPa 以下的重要部位的阀门按有关规定做耐压试验。

(2) 试验时将管路端部用法兰闷头封堵，打开管路最高处排气阀，在闷头上连接试压泵进水管和压力表，并打开试压管路上的连接阀。

(3) 打开排气阀，给管路充水，待充满后关闭排气阀；然后用试压泵缓慢升压至工作压力，对管路进行检查，情况正常后，继续升压至试验压力，保持压力至规定时间，无渗水现象为合格。试验过程发现渗漏时应降压处理，消除缺陷后应重新进行试验直到满足要求为止。压力试验流程，如图 3-2 所示。

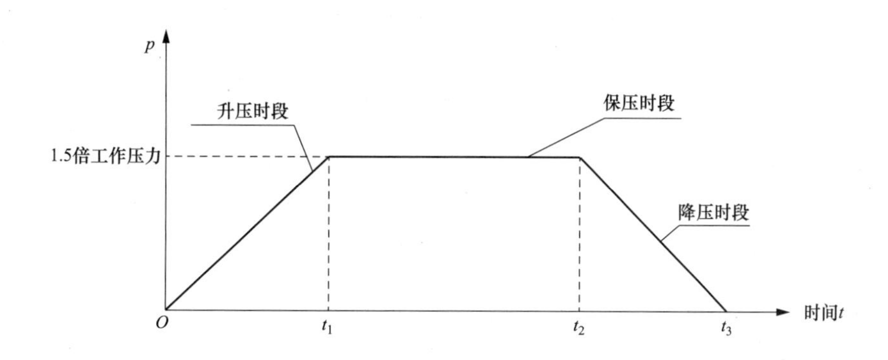

图 3-2　压力试验流程

3.4.2.4　技术供水系统供排水管路清洗

冲洗前，将机组供排水管避开冷却器等用水设备，将管路短接起来。开启供排水管路上的阀门进行冲洗，直至水管路冲洗干净，再将管路接入用水设备。在供水系统管路压力试验和冲洗时，必须把冷却器隔离或短接，否则冲入冷却器的杂物可能会堵塞冷却器。

3.4.2.5　防结露施工

有些部位的管路需要进行防结露措施的施工，应按照设计及规范进行施工，保温层应包裹严密、美观。

3.4.3　质量控制要求及指标

3.4.3.1　阀门安装应规范、设施齐全、功能正常、位置正确、操作方便。

3.4.3.2　阀门开关方向具有明显标志。

3.4.3.3　管路排列合理整齐，坡度符合要求、坡向正确。

3.4.3.4 管路和阀门试验项目齐全且无渗漏现象。

3.4.3.5 支吊架安装牢固、整齐美观、受力合理。

3.4.3.6 支吊架构造符合规范要求。

3.4.3.7 焊接牢固、焊缝饱满。

3.4.3.8 焊缝均匀，无焊瘤、残留药皮。

3.4.3.9 焊缝无变形，焊口满焊。

3.4.3.10 管路介质流向的标识正确、清晰、规范。

3.4.3.11 各类水泵、滤水器等设备安装允许偏差满足规范、合同及设计要求。

3.4.3.12 各系统监测仪表、自动化元件安装位置允许偏差和整定值检验满足规范、合同及设计要求。

3.4.3.13 水系统防结露措施规范、严密。

当系统安装全部完成后，应进行系统验收。主要检查系统的压力试验是否合格，系统管路冲洗是否合格。应根据质量控制点和控制指标逐条检查。

水力机械系统管路安装现场质量验收签证单，见表3-1。

表3-1　　水力机械系统管路安装现场质量验收签证单

单位工程名称		单元工程量	
分部工程名称		施工单位名称	
单元工程名称		部位名称	
高程、桩号		验收日期	

项次	检查项目	质量标准	检查记录
1管件制作检查	△1.1　管截面最大与最小管径差	不大于8%	
	1.2　弯曲角度（直管直线度）	不大于±3mm/m且全长不大于10mm	
	1.3　环形管平面度	不大于±20mm	
2焊缝检查	△2.1　焊缝外观检查	符合GB/T 8564—2003《水轮发电机组安装技术规范》第10.3.2条，第10.3.3条规定	
3管路安装检查	△3.1　明管平面位置（每10m内）	不大于±10mm且全长不大于20mm	
	3.2　明管高程误差	不大于±5mm	
	3.3　立管垂直度	2mm/m且全长不大于15mm	
	3.4　排管平面度	不超过5mm	
	3.5　排管间距误差	0～+5mm	
	3.6　与设备连接的预埋管出口位置误差	不大于±10mm	

项次	检查项目	质量标准				检查记录
		试验性质	试验压力（MPa）	试验时间（min）	要求标准	
4管路试验	4.1　1.0MPa以上阀门	严密性	1.25p（p为设计压力）	5	无渗漏	
	4.2　自制有压容器及管件	强度	1.5p并大于0.4	10	无渗漏	
	4.3　自制有压容器及管件	严密性	1.25p	30	无渗漏且压降小于5%p	
			1p	12h		

续表

项次	检查项目	质量标准				检查记录
		试验性质	试验压力（MPa）	试验时间（min）	要求标准	
4 管路 试验	4.4　无压容器	渗漏	注水	12h	无渗漏	
	4.5　系统管路	强度	1.25p	5	无渗漏	
	4.6　系统管路	严密性	1p	10	无渗漏	
	4.7　通风系统	漏风率	额定风压		不大于设计风量10%	
技术说明：						
检验结论						

施工单位			监理单位
初检： 年　月　日	复检： 年　月　日	终检： 年　月　日	监理工程师： 年　月　日

3.4.4　涉及的强制性条文

3.4.4.1　NB 35074—2015《水电工程劳动安全与工业卫生设计规范》

第4.1.3条第5款　机械排水系统的水泵管路出水口高层低于下游校核洪水位时，必须在排水管上装设止回阀。

第4.2.4条　防静电设计应符合下列要求。

油罐室、油处理室的油罐、油处理设备、输油管和通风设备及风管均应接地；

1. 移动式油处理设备在工作位置应设临时接地点。

2. 防静电接地装置的接地电阻，不应大于30Ω。

3. 防静电接地装置应与工程中的电气接地装置公用。

第4.2.5条　蓄电池室、油罐室和油处理室应使用防爆型灯具、通风电动机，室内不得装设开关和插座；检修用的行灯应采用安全型防爆灯，其电缆应用绝缘良好的胶质软线。蓄电池室室内照明线应采用穿管暗敷，电池应避免阳光直射。

第4.2.6条　所有工作场所严禁采用明火取暖。蓄电池室、油罐室、油处理设备室严禁使用敞开式电热器取暖。

第4.3.1条第5款　保护导体必须有足够的截面和良好的电气连续性，严禁将金属水管、含有可燃性气体或液体的管道，以及正常使用中承受机械应力的导电部分用作保护导体。电气装置的外露可导电部分不得用作保护导体的串接过渡接点。

第4.5.6条　枢纽建筑物的掺气孔、通气孔、调压井，应在其孔口设置防护栏杆或设置钢筋网孔盖板，网孔应能防止人脚坠入。

第5.4.10条　气体灭火系统的储瓶间应设置机械通风。

3.4.4.2　GB/T 8564—2003《水轮发电机组安装技术规范》

第4.11条　现场制造的承压设备及连接件进行强度耐水压试验时，试验压力为1.5倍额定工作压力，但最低压力不得小于 0.4MPa，保持 10min，无渗漏及裂纹等异常现象。

设备及其连接件进行严密性耐压试验时，试验压力为 1.25 倍实际工作压力，保持 30min，无渗漏现象；进行严密性试验时，试验压力为实际工作压力，保持 8h，无渗漏现象。

单个冷却器应按设计要求的试验压力进行耐水压试验，设计无规定时，试验压力一般为工作压力的 2 倍，但不低于 0.4MPa，保持 30min，无渗漏现象。

第 4.12 条 设备容器进行煤油渗漏试验时，至少保持 4h，应无渗漏现象，容器做完渗漏试验后一般不宜再拆卸。

第 12.2.2 条 油、气系统及有特殊要求的水系统管路中的钢管对口焊接时，应采用氩弧焊封底，电弧焊盖面的焊接工艺；管子的外径 $D \leqslant 50$mm 的对口焊接宜采用全氩弧焊。

第 12.5.2 条 工作压力在 1MPa 及以上的阀门和 1MPa 以下的重要部位的阀门，应按 4.11 条的要求做严密性耐压试验。

3.4.5 成品示范

不锈钢管路安装，如图 3-3 所示。水泵及管路安装，如图 3-4 所示。防结露措施安装（一），如图 3-5 所示。技术供水管路防结露措施安装，如图 3-6 所示。防结露措施安装（二），如图 3-7 所示。小管路安装，如图 3-8 所示。

图 3-3 不锈钢管路安装

图 3-4 水泵及管路安装

图 3-5 防结露措施安装（一）

图 3-6 技术供水管路防结露措施安装

图 3-7　防结露措施安装（二）

图 3-8　小管路安装

3.5　检修、渗漏排水系统设备及管路安装

3.5.1　检修、渗漏排水系统施工流程

检修、渗漏排水系统施工流程，如图 3-9 所示。

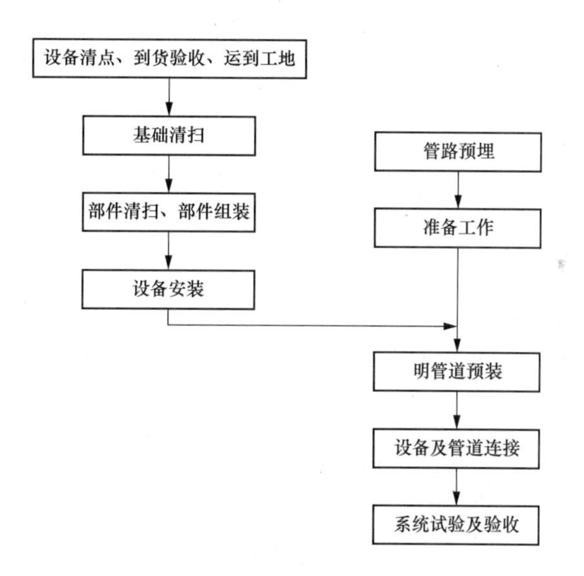

图 3-9　检修、渗漏排水系统施工流程

3.5.2　主要施工工艺

3.5.2.1　管路的安装

（1）在管路安装前，首先检查管子、法兰、焊条及管件等原材料及半成品的质量是否符合设计要求，管子从外观上检查应无缺陷。

（2）明设管路公称通径 DN100 及以下管路应采用型材切割机进行切割下料，DN100 以上管路采用等离子切割机进行切割下料，切割后的管口采用砂轮磨光机或气动坡口机进行 V 形坡口的切削打磨。

（3）管件及附件制作均按图进行施工，尺寸偏差符合设计要求。

（4）管路成排布置时，应按顺序排列整齐，且在同一平面内间距偏差应满足要求。

（5）当安装成组平行管路时，应按其管径大小，做到有次序排列，管路有转弯处的弧度应弯曲一致，其弯曲半径应在同一中心点，当遇有交叉管子时，两管之间须留有10mm以上间距。

（6）管路在穿过隔墙和楼板时不得有焊口。在管路焊缝上不得开孔，如必须开孔时，焊缝应做无损探伤，密封面及密封垫不得有影响密封性能的缺陷存在，密封垫的材质与工作介质及压力要求相符。压力管路弯头处，不设置法兰。

（7）管螺纹接头的密封材料，宜采用聚四氟乙烯带或密封膏。拧紧螺纹时，不得将密封材料挤入管内。

（8）安装完毕的管路应排列整齐，外形美观。

（9）明管安装技术要求。

1）管路安装位置（坐标及标高）的偏差一般不大于5mm。管路上的阀门、仪表安装位置应合理，需满足运行人员日常巡检、操作的便利性要求。

2）水平管弯曲和水平偏差，一般不超过0.1%，且不超过15mm；立管垂直度偏差，一般不超过0.1%，且不超过8mm。

3）排管安装应在同一平面上。偏差不大于3mm，管间间距偏差应在0～3mm。

4）自流排水管和排油管坡度应与液流方向一致，坡度一般在0.2%～0.3%。

5）法兰密封面及密封垫不得有影响密封性能的缺陷存在。垫片厚度，除低压水管用橡胶板可达4mm外，其他一般为1～2mm，垫片不得超过两层。

6）法兰把合后应平行，偏差不大于法兰外径的1.5‰，且不大于2mm。紧固螺栓的规格尺寸、安装方向应一致，螺栓压紧力应均匀，螺栓应露出螺母2～3个螺距。

7）管子与平法兰焊接时，应采取内外焊接，内焊缝不得高出法兰工作面，所有法兰与管子焊接后应垂直，一般偏差不超过1%。

8）压力管路弯头处，不应设置法兰。

3.5.2.2　系统设备的安装

（1）深井泵的安装。

1）深井泵安装前，应清洗水泵各零部件，并核对其数量，检查各结合面情况；安装顺序及质量要求应按水泵制造厂产品安装使用说明书进行。

2）安装前应清干净集水井，测量由集水井坑底到深井泵基础间高度，以及厂家提供深井泵吸水管长度，确认是否满足安装要求，防止到货设备与集水井不匹配，造成施工的不便。

3）将泵的地脚螺栓埋好，泵的基础板找平后，加固牢靠进行浇筑二期混凝土养生后方可安装。

4）滤网吸水管、泵体扬水管及传动轴安装。

5）深井泵、排水泵技术要求。深井泵各级叶轮与密封环间隙、叶轮周向间隙，以及泵轴提升量应符合设计规定，泵轴与电动机轴线倾斜允许偏差不大于 0.5mm/m。泵座水平度允许偏差不大于 0.1mm/m。

深井泵在额定负荷下试运转不小于 2h，运转中无异常震动及响声，各连接部分不应松动及渗漏；滚动轴承温度不超过 75℃；电动机电流不超过额定值；深井泵止退机构动作灵活可靠；水泵的径向震动符合规范要求。

（2）阀门的安装。阀门安装前做耐压和密封性试验，检查手动操作的灵活性，并且清扫干净，并根据介质流向确定阀门的安装方向。当阀门与管路以法兰或螺纹方式连接时，将阀门处在关闭状态下安装，各种阀门安装后确保位置正确，阀杆手柄的朝向便于操作，转动灵活；DN300 以上的阀门要有独立的支架，阀门两边的连接管不宜过长，防止阀门处应力集中。连接阀门的法兰与管子的焊接必须脱开阀门单独焊接，不能连接在阀门上焊接。阀门安装位置应合理，需满足运行人员日常巡检、操作的便利性要求。

（3）仪表的安装。仪表经检验合格后，按设计要求进行安装，仪表盘的垂直度、水平度符合规范要求，并布置合理、连接牢固。观察仪表位置应合理，需满足运行人员日常巡检、操作的便利性要求。

在管路上进行开孔时，应采用钻孔的方式进行开孔，不得采用氧气乙炔进行开孔；应将开孔位置的毛刺和铁屑清理干净，钻孔时进入管内的铁屑应清理干净。

3.5.2.3　压力试验

（1）工地自行加工的承压容器和工作压力在 1MPa 及以上的管件，按有关规定做强度耐压试验。工地自行加工的无压容器按有关规定做渗漏试验。工作压力在 1MPa 及以上的阀门和 1MPa 以下的重要部位的阀门按有关规定做耐压试验。

（2）试验时将管路端部用法兰闷头封堵，打开管路最高处排气阀，在闷头上连接试压泵进水管和压力表，并打开试压管路上的连接阀。

（3）打开排气阀，给管路充水，待充满后关闭排气阀；然后用试压泵缓慢升压至工作压力，对管路进行检查，情况正常后，继续升压至试验压力，保持压力至规定时间，无渗水现象为合格。试验过程发现渗漏时应降压处理，消除缺陷后应重新进行试验，直到满足要求为止。

3.5.3　质量控制要求及指标

3.5.3.1　阀门安装应规范、设施齐全、功能正常、位置正确、操作方便。

3.5.3.2　阀门开关方向具有明显标志。

3.5.3.3　管路排列合理整齐，坡度符合要求、坡向正确。

3.5.3.4　管路和阀门试验项目齐全且无渗漏现象。

3.5.3.5　支吊架安装牢固、整齐美观、受力合理。

3.5.3.6 支吊架构造符合规范要求。

3.5.3.7 焊接牢固、焊缝饱满。

3.5.3.8 焊缝均匀，无焊瘤、残留药皮。

3.5.3.9 焊缝无变形，焊口满焊。

3.5.3.10 管路介质流向的标示正确、清晰、规范。

3.5.3.11 各类水泵、滤水器等设备安装允许偏差满足规范、合同及设计要求。

3.5.3.12 各系统监测仪表、自动化元件安装位置允许偏差和整定值检验满足规范、合同及设计要求。

当系统安装全部完成后，应进行系统验收。主要检查系统的压力试验是否合格，系统管路冲洗是否合格。应根据质量控制点和控制指标逐条检查。

深井泵现场质量验收签证单，见表 3-2。

表 3-2　　深井泵现场质量验收签证单

单位工程名称		单元工程量	
分部工程名称		施工单位名称	
单元工程名称		部位名称	
高程、桩号		验收日期	
项次	检查项目	质量标准（mm）	检查记录
1	设备平面位置	±10	
2	高程	＋20　　－10	
3	各级叶轮与密封环间隙	符合设计规定	
4	叶轮轴向间隙	符合设计规定	
5	△泵轴提升量	符合设计规定	
6	泵轴与电动机轴线偏心	0.15	
7	泵轴与电动机轴线倾斜	0.5mm/m	
8	泵座水平度	0.10mm/m	
9 泵试运转（在额定负荷下，试运转不小于 2h）	9.1 填料函检查	压盖松紧适当，只有滴状泄漏	
	9.2 转动部分检查	运转中无异常振动和响声，各连接部分不应松动和渗漏	
	9.3 轴承温度	滚动轴承不超过 75℃，滑动轴承不超过 70℃	
	9.4 电动机电流	不超过额定值	
	9.5 水泵压力和流量	符合设计规定	
	9.6 水泵止退机构	动作灵活可靠	
	9.7 水泵轴的径向振动	转速（r/min）　双向振幅（mm） ＞750～1000　⩽0.10 ＞1000～1500　⩽0.08 ＞1500～3000　⩽0.06	

技术说明：

续表

<table>
<tr><td>单位工程名称</td><td colspan="2"></td><td colspan="2">单元工程量</td><td colspan="2"></td></tr>
<tr><td>分部工程名称</td><td colspan="2"></td><td colspan="2">施工单位名称</td><td colspan="2"></td></tr>
<tr><td>单元工程名称</td><td colspan="2"></td><td colspan="2">部位名称</td><td colspan="2"></td></tr>
<tr><td>高程、桩号</td><td colspan="2"></td><td colspan="2">验收日期</td><td colspan="2"></td></tr>
<tr><td>项次</td><td colspan="2">检查项目</td><td colspan="2">质量标准（mm）</td><td colspan="2">检查记录</td></tr>
<tr><td>检验结论</td><td colspan="6"></td></tr>
<tr><td colspan="5">施工单位</td><td colspan="2">监理单位</td></tr>
<tr><td>初检：

年 月 日</td><td colspan="2">复检：

年 月 日</td><td colspan="2">终检：

年 月 日</td><td colspan="2">监理工程师：

年 月 日</td></tr>
</table>

3.5.4 涉及的强制性条文

3.5.4.1 NB 35074—2015《水电工程劳动安全与工业卫生设计规范》

第 4.1.3 条第 5 款 机械排水系统的水泵管路出水口高层低于下游校核洪水位时，必须在排水管上装设止回阀。

第 4.2.4 条 防静电设计应符合下列要求。

油罐室、油处理室的油罐、油处理设备、输油管和通风设备及风管均应接地；

1. 移动式油处理设备在工作位置应设临时接地点。

2. 防静电接地装置的接地电阻，不应大于 30Ω。

3. 防静电接地装置应与工程中的电气接地装置公用。

第 4.2.5 条 蓄电池室、油罐室和油处理室应使用防爆型灯具、通风电动机，室内不得装设开关和插座；检修用的行灯应采用安全型防爆灯，其电缆应用绝缘良好的胶质软线。蓄电池室室内照明线应采用穿管暗敷，电池应避免阳光直射。

第 4.2.6 条 所有工作场所严禁采用明火取暖。蓄电池室、油罐室、油处理设备室严禁使用敞开式电热器取暖。

第 4.3.1 条第 5 款 保护导体必须有足够的截面和良好的电气连续性，严禁将金属水管、含有可燃性气体或液体的管道，以及正常使用中承受机械应力的导电部分用作保护导体。电气装置的外露可导电部分不得用作保护导体的串接过渡接点。

第 4.5.6 条 枢纽建筑物的掺气孔、通气孔、调压井，应在其孔口设置防护栏杆或设置钢筋网孔盖板，网孔应能防止人脚坠入。

第 5.4.10 条 气体灭火系统的储瓶间应设置机械通风。

3.5.4.2 GB/T 8564—2003《水轮发电机组安装技术规范》

第 4.11 条 现场制造的承压设备及连接件进行强度耐水压试验时，试验压力为 1.5 倍额定工作压力，但最低压力不得小于 0.4MPa，保持 10min，无渗漏及裂纹等异常现象。

设备及其连接件进行严密性耐压试验时，试验压力为 1.25 倍实际工作压力，保持

30min，无渗漏现象；进行严密性试验时，试验压力为实际工作压力，保持8h，无渗漏现象。

单个冷却器应按设计要求的试验压力进行耐水压试验，设计无规定时，试验压力一般为工作压力的2倍，但不低于0.4MPa，保持30min，无渗漏现象。

第4.12条 设备容器进行煤油渗漏试验时，至少保持4h，应无渗漏现象，容器做完渗漏试验后一般不宜再拆卸。

第12.2.2条 油、气系统及有特殊要求的水系统管路中的钢管对口焊接时，应采用氩弧焊封底，电弧焊盖面的焊接工艺；管子的外径 $D \leqslant 50$mm的对口焊接宜采用全氩弧焊。

第12.5.2条 工作压力在1MPa及以上的阀门和1MPa以下的重要部位的阀门，应按4.11条的要求做严密性耐压试验。

3.5.5 成品示范

厂房排水泵及管路安装，如图3-10所示。管路及阀门安装，如图3-11和图3-12所示。

图3-10 厂房排水泵及管路安装

图3-11 管路及阀门安装（一）

图3-12 管路及阀门安装（二）

3.6 压缩空气系统设备及管路安装

3.6.1 压缩空气系统施工流程

压缩空气系统施工流程，如图3-13所示。

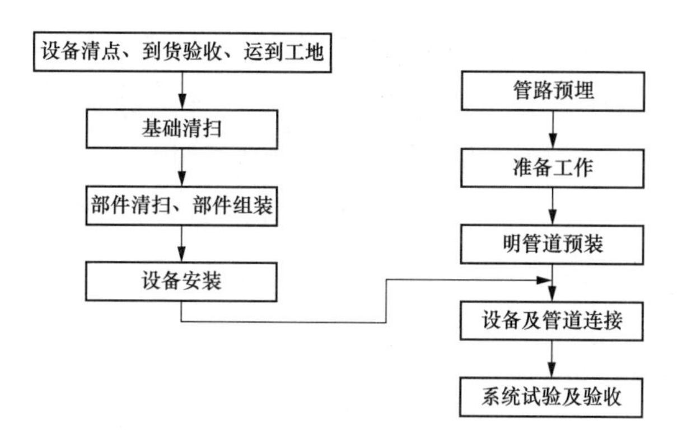

图 3-13　压缩空气系统施工流程

3.6.2　主要施工工艺

3.6.2.1　管路的安装

(1) 在管路安装前，首先检查管子、法兰、焊条及管件等原材料及半成品的质量是否符合设计要求，管子从外观上检查应无缺陷。

(2) 明设管路公称通径 DN100 及以下管路应采用型材切割机进行切割下料，DN100 以上管路采用等离子切割机进行切割下料，切割后的管口采用砂轮磨光机或气动坡口机进行 V 形坡口的切削打磨。

(3) 管件及附件制作均按图进行施工，尺寸偏差符合设计要求。

(4) 管路成排布置时，应按顺序排列整齐，且在同一平面内间距偏差应满足要求。

(5) 当安装成组平行管路时，应按其管径大小，做到有次序排列，管路有转弯处的弧度应弯曲一致，其弯曲半径应在同一中心点，当遇有交叉管子时，两管之间须留有 10mm 以上间距。

(6) 管路在穿过隔墙和楼板时不得有焊口。在管路焊缝上不得开孔，如必须开孔时，焊缝应做无损探伤，密封面及密封垫不得有影响密封性能的缺陷存在，密封垫的材质与工作介质及压力要求相符。压力管路弯头处，不设置法兰。

(7) 管螺纹接头的密封材料，宜采用聚四氟乙烯带或密封膏。拧紧螺纹时，不得将密封材料挤入管内。

(8) 安装完毕的管路应排列整齐，外形美观。

(9) 明管安装技术要求。

1) 管路安装位置（坐标及标高）的偏差一般不大于 5mm。

2) 水平管弯曲和水平偏差，一般不超过 0.1%，且不超过 15mm；立管垂直度偏差，一般不超过 0.1%，且不超过 8mm。

3) 排管安装应在同一平面上，偏差不大于 3mm，管间间距偏差应在 0～3mm。

4) 自流排水管和排油管坡度应与液流方向一致，坡度一般在 0.2%～0.3%。

5) 法兰密封面及密封垫不得有影响密封性能的缺陷存在。垫片厚度，除低压水管用橡胶板可达4mm外，其他一般为1～2mm，垫片不得超过两层。

6）法兰把合后应平行，偏差不大于法兰外径的1.5‰，且不大于2mm。紧固螺栓的规格尺寸、安装方向应一致，螺栓压紧力应均匀，螺栓应露出螺母2～3个螺距。

7）管子与平法兰焊接时，应采取内外焊接，内焊缝不得高出法兰工作面，所有法兰与管子焊接后应垂直，一般偏差不超过1%。

8）压力管路弯头处，不应设置法兰。

3.6.2.2　系统设备的安装

（1）空气压缩机的安装。

1）安装前，空气压缩机要进行清洗，清洗剂不能残留在设备内。

2）空气压缩机的安装应符合下列要求，机身中心线高程与设计值的偏差不大于±10mm；机身水平偏差不大于0.1mm/m。

（2）储气罐的安装。储气罐安装的中心位置和水平中心位置偏差不大于3mm，水平偏差不大于0.5mm/m，垂直度偏差不大于0.5mm/m，高程偏差不大于±5mm。

（3）阀门的安装。阀门安装前做耐压和密封性试验，检查手动操作的灵活性，并且清扫干净，并根据介质流向确定阀门的安装方向。当阀门与管路以法兰或螺纹方式连接时，将阀门处在关闭状态下安装，各种阀门安装后确保位置正确，阀杆手柄的朝向便于操作，转动灵活；DN300以上的阀门要有独立的支架，阀门两边的连接管不宜过长，防止阀门处应力集中。连接阀门的法兰与管子的焊接必须脱开阀门单独焊接，不能连接在阀门上焊接。

（4）仪表的安装。仪表经检验合格后，按设计要求进行安装，仪表盘的垂直度、水平度符合设计要求，并布置合理、连接牢固。

3.6.2.3　压力试验

（1）承压容器和工作压力在1MPa及以上的管件，按有关规定做强度耐压试验。工作压力在1MPa及以上的阀门和1MPa以下的重要部位的阀门按有关规定做耐压试验。

（2）试验时，将管路端部用法兰闷头封堵，打开管路最高处排气阀，在闷头上连接试压泵进水管和压力表，并打开试压管路上的连接阀。

（3）打开排气阀，给管路充水，待充满后关闭排气阀；然后用试压泵缓慢升压至工作压力，对管路进行检查，情况正常后，继续升压至试验压力，保持压力至规定时间，无渗水现象为合格。试验过程发现渗漏时应降压处理，消除缺陷后应重新进行试验直到满足要求为止。

3.6.2.4　气管路吹扫

空气吹扫应利用生产装置的大型压缩机，也可利用装置中的大型蓄气容器进行间断性的吹扫，吹扫压力不得超过容器和管道的设计压力，流速不宜小于20m/s。

吹扫忌油管道时气体中不得含油。

空气吹扫过程中，当目测排气无烟尘时，应在排气口设置贴白布或涂白漆的木制靶板检验，5min内靶板上无铁锈、尘土、水分及其他杂物，应为合格。

3.6.3　质量控制要求及指标

3.6.3.1　系统压力值、压缩空气质量满足用气设备要求。

3.6.3.2　空气压缩机、干燥机、气水分离器、气罐等设备安装允许偏差满足规范、合同及设计要求。

3.6.3.3　系统调试及试运转各检测项满足规范、合同及设计要求。

3.6.3.4　各系统监测仪表、自动化元件安装位置允许偏差和整定值检验满足规范、合同及设计要求。

空气压缩机现场质量验收签证单，见表 3-3。

表 3-3　　**空气压缩机现场质量验收签证单**

单位工程名称		单元工程量	
分部工程名称		施工单位名称	
单元工程名称		部位名称	
高程、桩号		验收日期	
项次	检查项目	允许偏差（mm）	检查记录
1	设备平面位置	±10	
2	高程	+20　−10	
3	△机身纵、横向水平度	0.10mm/m	
4	皮带轮端面垂直度	0.50mm/m	
5	两皮带轮端面在同一平面内	0.50	
6. 无负荷试转（4～8h）	6.1　润滑油压	不低于 0.1MPa	
	6.2　曲轴箱油温	不超过 60℃	
	6.3　运动部件振动	无较大振动	
	6.4　运动部件声音检查	声音正常	
	6.5　各连接部件检查	应无松动	
7. 带负荷试运行（按额定压力的25%运转 1h，按额定压力的 50%、按额定压力的75%各运转 2h，按额定压力的100%运转 4～8h，分别检测记录）	7.1　渗油	无	
	7.2　漏气	无	
	7.3　漏水	无	
	7.4　冷却水排水温度	不超过 40℃	
	7.5　各级排水温度	符合设计规定	
	7.6　各级排气压力	符合设计规定	
	7.7　安全阀	压力正确，动作灵敏	
	7.8　各级自动控制装置	灵敏可靠	
技术说明：			
检验结论			
施工单位			监理单位
初检： 年　月　日	复检： 年　月　日	终检： 年　月　日	监理工程师： 年　月　日

3.6.4 涉及的强制性条文

3.6.4.1 NB 35074—2015《水电工程劳动安全与工业卫生设计规范》

第4.1.3条第5款 机械排水系统的水泵管路出水口高层低于下游校核洪水位时，必须在排水管上装设止回阀。

第4.2.4条 防静电设计应符合下列要求。

油罐室、油处理室的油罐、油处理设备、输油管和通风设备及风管均应接地；

1. 移动式油处理设备在工作位置应设临时接地点。

2. 防静电接地装置的接地电阻，不应大于30Ω。

3. 防静电接地装置应与工程中的电气接地装置公用。

第4.2.5条 蓄电池室、油罐室和油处理室应使用防爆型灯具、通风电动机，室内不得装设开关和插座；检修用的行灯应采用安全型防爆灯，其电缆应用绝缘良好的胶质软线。蓄电池室室内照明线应采用穿管暗敷，电池应避免阳光直射。

第4.2.6条 所有工作场所严禁采用明火取暖。蓄电池室、油罐室、油处理设备室严禁使用敞开式电热器取暖。

第4.3.1条第5款 保护导体必须有足够的截面和良好的电气连续性，严禁将金属水管、含有可燃性气体或液体的管道，以及正常使用中承受机械应力的导电部分用作保护导体。电气装置的外露可导电部分不得用作保护导体的串接过渡接点。

第4.5.6条 枢纽建筑物的掺气孔、通气孔、调压井，应在其孔口设置防护栏杆或设置钢筋网孔盖板，网孔应能防止人脚坠入。

第5.4.10条 气体灭火系统的储瓶间应设置机械通风。

3.6.4.2 GB/T 8564—2003《水轮发电机组安装技术规范》

第4.11条 现场制造的承压设备及连接件进行强度耐水压试验时，试验压力为1.5倍额定工作压力，但最低压力不得小于0.4MPa，保持10min，无渗漏及裂纹等异常现象。

设备及其连接件进行严密性耐压试验时，试验压力为1.25倍实际工作压力，保持30min，无渗漏现象；进行严密性试验时，试验压力为实际工作压力，保持8h，无渗漏现象。

单个冷却器应按设计要求的试验压力进行耐水压试验，设计无规定时，试验压力一般为工作压力的2倍，但不低于0.4MPa，保持30min，无渗漏现象。

第4.12条 设备容器进行煤油渗漏试验时，至少保持4h，应无渗漏现象，容器做完渗漏试验后一般不宜再拆卸。

第12.2.2条 油、气系统及有特殊要求的水系统管路中的钢管对口焊接时，应采用氩弧焊封底，电弧焊盖面的焊接工艺；管子的外径$D \leqslant 50$mm的对口焊接宜采用全氩弧焊。

第12.5.2条 工作压力在1MPa及以上的阀门和1MPa以下的重要部位的阀门，应按

4.11 条的要求做严密性耐压试验。

3.6.5　成品示范

气管路安装及涂漆示范，如图 3-14 所示。气管路安装，如图 3-15 所示。

图 3-14　气管路安装及涂漆示范

图 3-15　气管路安装

3.7　汽轮机油系统设备及管路安装

3.7.1　汽轮机油系统施工流程

汽轮机油系统施工流程，如图 3-16 所示。

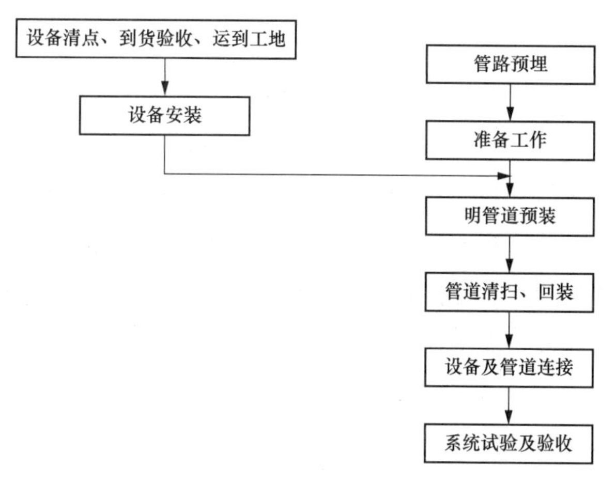

图 3-16　汽轮机油系统施工流程

3.7.2　主要施工工艺

3.7.2.1　管路的安装

（1）在管路安装前，首先检查管子、法兰、焊条及管件等原材料及半成品的质量是否符合设计要求，管子从外观上检查应无缺陷。

（2）明设管路公称通径 DN100 及以下管路应采用型材切割机进行切割下料，DN100 以上管路采用等离子切割机进行切割下料，切割后的管口采用砂轮磨光机或气动坡口机进行 V 形坡口的切削打磨。

（3）管件及附件制作均按图进行施工，尺寸偏差符合设计要求。

（4）管路成排布置时，应按顺序排列整齐，且在同一平面内间距偏差应满足要求。

（5）当安装成组平行管路时，应按其管径大小，做到有次序排列，管路有转弯处的弧度应弯曲一致，其弯曲半径应在同一中心点，当遇有交叉管子时，两管之间须留有 10mm 以上间距。

（6）管路在穿过隔墙和楼板时不得有焊口。在管路焊缝上不得开孔，如必须开孔时，焊缝应做无损探伤，密封面及密封垫不得有影响密封性能的缺陷存在，密封垫的材质与工作介质及压力要求相符。压力管路弯头处，不设置法兰。

（7）管螺纹接头的密封材料，宜采用聚四氟乙烯带或密封膏。拧紧螺纹时，不得将密封材料挤入管内。

（8）安装完毕的管路应排列整齐、外形美观。

（9）明管安装技术要求。

1）管路安装位置（坐标及标高）的偏差一般不大于 5mm；所有油管路应安装等电位跨接线。

2）水平管弯曲和水平偏差，一般不超过 0.1%，且不超过 15mm；立管垂直度偏差，一般不超过 0.1%，且不超过 8mm。

3）排管安装应在同一平面上。偏差不大于 3mm，管间间距偏差应在 0～3mm。

4）自流排水管和排油管坡度应与液流方向一致，坡度一般在 0.2%～0.3%。

5）法兰密封面及密封垫不得有影响密封性能的缺陷存在。垫片厚度，除低压水管用橡胶板可达 4mm 外，其他一般为 1～2mm，垫片不得超过两层。

6）法兰把合后应平行，偏差不大于法兰外径的 1.5‰，且不大于 2mm。紧固螺栓的规格尺寸、安装方向应一致，螺栓压紧力应均匀，螺栓应露出螺母 2～3 个螺距。

7）管子与平法兰焊接时，应采取内外焊接，内焊缝不得高出法兰工作面，所有法兰与管子焊接后应垂直，一般偏差不超过 1%。

8）压力管路弯头处，不应设置法兰。

3.7.2.2 系统设备的安装

（1）汽轮机油罐的安装。

1）汽轮机油罐体积较大，应在副厂房油罐室封顶前把汽轮机油罐吊至油罐室内或预留吊装通道，并在现场完成拼焊。

2）汽轮机油罐及附件按设计图纸及有关技术要求进行安装。

3）汽轮机油罐安装待混凝土养护合格后，即可开始汽轮机油罐吊装工作，吊装时应严格按照设计吊点进行吊装。安装时，调整汽轮机油罐中心位置及标高，若基础为预留孔时，

则在汽轮机油罐吊离基础台面适当高度，穿上地脚，对准预留孔位置，缓慢落于基础楔子板上，然后调整汽轮机油罐的安装位置。待符合图纸要求后，即可进行地脚钻孔二期混凝土的回填工作，待二期混凝土养护后，紧固地脚，并校核汽轮机油罐的位置及高程，如有变化，进行调整，待汽轮机油罐固定后，可进行管路及附件安装。

4）汽轮机油罐在注油前应进行彻底清扫，需要补漆的地方进行补漆。

（2）阀门的安装。阀门安装前做耐压和密封性试验，检查手动操作的灵活性，并且清扫干净，并根据介质流向确定阀门的安装方向。当阀门与管路以法兰或螺纹方式连接时，将阀门处在关闭状态下安装，各种阀门安装后确保位置正确，阀杆手柄的朝向便于操作，转动灵活；DN300 以上的阀门要有独立的支架，阀门两边的连接管不宜过长，防止阀门处应力集中。连接阀门的法兰与管子的焊接必须脱开阀门单独焊接，不能连接在阀门上焊接。阀门安装位置应合理，需满足运行人员日常巡检、操作的便利性要求。

（3）仪表的安装。仪表经检验合格后，按设计要求进行安装，仪表盘的垂直度、水平度符合设计要求，并布置合理，连接牢固。观察仪表安装位置应合理，需满足运行人员日常巡检、操作的便利性要求。

3.7.2.3　压力试验

（1）无压容器按有关规定做渗漏试验。工作压力在 1MPa 及以上的阀门和 1MPa 以下的重要部位的阀门按有关规定做耐压试验。

（2）试验时，将管路端部用法兰闷头封堵，打开管路最高处排气阀，在闷头上连接试压泵进水管和压力表，并打开试压管路上的连接阀。

（3）打开排气阀，给管路充水，待充满后关闭排气阀；然后用试压泵缓慢升压至工作压力，对管路进行检查，情况正常后，继续升压至试验压力，保持压力至规定时间，无渗水现象为合格。试验过程发现渗漏时应降压处理，消除缺陷后应重新进行试验，直到满足要求为止。

3.7.2.4　油管路清洗

油管路清洗采用热油循环的方式进行清洗。

热油循环应在系统管路完成后，并且管路内部清扫干净后进行。进行油循环的汽轮机油应为检验合格的汽轮机油，在进行热油循环的过程中，每 8h 应在 40～70℃内反复升降油温 2～3 次，并应及时更换滤芯或滤纸。

当设计文件或制造厂无要求时，油管路清洗后应采用滤网检验，合格标准应符合表 3-4。

表 3-4　　油管路清洗合格标准

机械转速（r/min）	滤网规格（目）	合格标准
≥6000	200	目测滤网无硬颗粒及黏稠物；每平方厘米范围内，软杂物不多于 3 个
<6000	100	

3.7.3 质量控制要求及指标

3.7.3.1 油处理设备、油罐等设备安装允许偏差满足规范、合同及设计要求。

3.7.3.2 系统调试及试运转各检测项满足规范、合同及设计要求。

3.7.3.3 各系统监测仪表、自动化元件安装位置允许偏差和整定值检验满足规范、合同及设计要求。

3.7.3.4 汽轮机油、绝缘油油质化验满足规范要求。

汽轮机油罐安装现场质量验收签证单，见表 3-5。

表 3-5　　汽轮机油罐安装现场质量验收签证单

<table>
<tr><td>单位工程名称</td><td colspan="2"></td><td>单元工程量</td><td></td></tr>
<tr><td>分部工程名称</td><td colspan="2"></td><td>施工单位名称</td><td></td></tr>
<tr><td>单元工程名称</td><td colspan="2"></td><td>部位名称</td><td></td></tr>
<tr><td>高程、桩号</td><td colspan="2"></td><td>验收日期</td><td></td></tr>
<tr><td>项次</td><td>检查项目</td><td colspan="2">质量标准（mm）</td><td>检查记录</td></tr>
<tr><td>1</td><td>容器水平度（卧罐）</td><td colspan="2">不大于 10</td><td></td></tr>
<tr><td>2</td><td>容器垂直度（立罐）</td><td colspan="2">不大于 5</td><td></td></tr>
<tr><td>3</td><td>高程误差</td><td colspan="2">不大于±5</td><td></td></tr>
<tr><td>4</td><td>中心线位置误差</td><td colspan="2">不大于 5</td><td></td></tr>
<tr><td colspan="5">技术说明：</td></tr>
<tr><td>检验结论</td><td colspan="4"></td></tr>
<tr><td colspan="3">施工单位</td><td colspan="2">监理单位</td></tr>
<tr><td>初检：
年　月　日</td><td>复检：
年　月　日</td><td colspan="2">终检：
年　月　日</td><td>监理工程师：
年　月　日</td></tr>
</table>

3.7.4 涉及的强制性条文

3.7.4.1 NB 35074—2015《水电工程劳动安全与工业卫生设计规范》

第 4.1.3 条第 5 款 机械排水系统的水泵管路出水口高层低于下游校核洪水位时，必须在排水管上装设止回阀。

第 4.2.4 条 防静电设计应符合下列要求。

油罐室、油处理室的油罐、油处理设备、输油管和通风设备及风管均应接地；

1. 移动式油处理设备在工作位置应设临时接地点。

2. 防静电接地装置的接地电阻，不应大于 30Ω。

3. 防静电接地装置应与工程中的电气接地装置公用。

第 4.2.5 条　蓄电池室、油罐室和油处理室应使用防爆型灯具、通风电动机，室内不得装设开关和插座；检修用的行灯应采用安全型防爆灯，其电缆应用绝缘良好的胶质软线。蓄电池室室内照明线应采用穿管暗敷，电池应避免阳光直射。

第 4.2.6 条　所有工作场所严禁采用明火取暖。蓄电池室、油罐室、油处理设备室严禁使用敞开式电热器取暖。

第 4.3.1 条第 5 款　保护导体必须有足够的截面和良好的电气连续性，严禁将金属水管、含有可燃性气体或液体的管道，以及正常使用中承受机械应力的导电部分用作保护导体。电气装置的外露可导电部分不得用作保护导体的串接过渡接点。

第 4.5.6 条　枢纽建筑物的掺气孔、通气孔、调压井，应在其孔口设置防护栏杆或设置钢筋网孔盖板，网孔应能防止人脚坠人。

第 5.4.10 条　气体灭火系统的储瓶间应设置机械通风。

3.7.4.2　GB/T 8564—2003《水轮发电机组安装技术规范》

第 4.11 条　现场制造的承压设备及连接件进行强度耐水压试验时，试验压力为 1.5 倍额定工作压力，但最低压力不得小于 0.4MPa，保持 10min，无渗漏及裂纹等异常现象。

设备及其连接件进行严密性耐压试验时，试验压力为 1.25 倍实际工作压力，保持 30min，无渗漏现象；进行严密性试验时，试验压力为实际工作压力，保持 8h，无渗漏现象。

单个冷却器应按设计要求的试验压力进行耐水压试验，设计无规定时，试验压力一般为工作压力的 2 倍，但不低于 0.4MPa，保持 30min，无渗漏现象。

第 4.12 条　设备容器进行煤油渗漏试验时，至少保持 4h，应无渗漏现象，容器做完渗漏试验后一般不宜再拆卸。

第 12.2.2 条　油、气系统及有特殊要求的水系统管路中的钢管对口焊接时，应采用氩弧焊封底，电弧焊盖面的焊接工艺；管子的外径 $D \leqslant 50$mm 的对口焊接宜采用全氩弧焊。

第 12.5.2 条　工作压力在 1MPa 及以上的阀门和 1MPa 以下的重要部位的阀门，应按 4.11 条的要求做严密性耐压试验。

3.7.5　成品示范

油管路安装及管支架安装，如图 3-17 所示。油管路安装，如图 3-18 所示。供排油管路安装，如图 3-19 所示。供油管路安装，如图 3-20 所示。

图 3-17　油管路安装及管支架安装

图 3-18　油管路安装

图 3-19　供排油管路安装

图 3-20　供油管路安装

3.8　水力监视测量系统设备及管路安装

3.8.1　水力监视测量系统施工流程

水力监视测量系统施工流程，如图 3-21 所示。

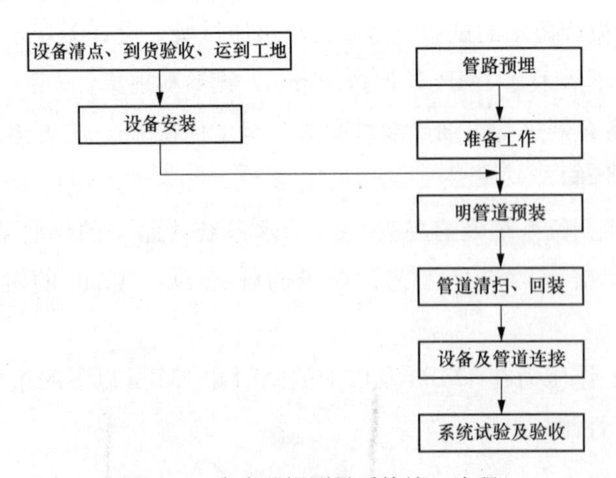

图 3-21　水力监视测量系统施工流程

3.8.2　主要施工工艺

3.8.2.1　测压管路的焊接应采用全氩弧焊接的工艺。

3.8.2.2　在布置预埋管路时，应尽可能的采用大弯曲半径来进行布置，并应尽量避免管路形成倒坡，影响排气。

3.8.2.3　仪表和仪表盘安装要求。

（1）仪表安装位置偏差不大于 3mm。

（2）仪表盘安装位置偏差不大于 5mm。

（3）仪表盘垂直度偏差不大于 1mm/m。

（4）仪表盘水平度偏差不大于 1mm/m。

（5）仪表盘高程偏差不大于 3mm。

（6）各个套管垂直度偏差不大于 1mm/m。

3.8.3　质量控制要求及指标

3.8.3.1　各测点位置不合理。

3.8.3.2　仪表、仪表盘设计位置允许偏差满足规范要求。

3.8.3.3　取压管位置允许偏差满足规范及设计要求。

3.8.3.4　测量仪表及监测设备安装位置允许偏差及整定值检验满足规范、合同及设计要求。

3.8.3.5　测量仪表及监测设备应安装在盘柜内，不宜将测量仪表放在开放外部空间。

水力测量仪表安装现场质量验收签证单，见表 3-6。

表 3-6　　**水力测量仪表安装现场质量验收签证单**

单位工程名称		单元工程量	
分部工程名称		施工单位名称	
单元工程名称		部位名称	
高程、桩号		验收日期	
项次	检查项目	质量标准（mm）	检查记录
1	仪表设计位置	3	
2	仪表盘设计位置	5	
3	仪表盘垂直度	1mm/m	
4	仪表盘水平度	1mm/m	
5	仪表盘高程	±3	
6	取压管位置	±10	
技术说明：			
检验结论			
施工单位			监理单位
初检： 年　月　日	复检： 年　月　日	终检： 年　月　日	监理工程师： 年　月　日

3.8.4 涉及的强制性条文

3.8.4.1 NB 35074—2015《水电工程劳动安全与工业卫生设计规范》

第4.1.3条第5款 机械排水系统的水泵管路出水口高层低于下游校核洪水位时，必须在排水管上装设止回阀。

第4.2.4条 防静电设计应符合下列要求。

油罐室、油处理室的油罐、油处理设备、输油管和通风设备及风管均应接地；

1. 移动式油处理设备在工作位置应设临时接地点。

2. 防静电接地装置的接地电阻，不应大于30Ω。

3. 防静电接地装置应与工程中的电气接地装置公用。

第4.2.5条 蓄电池室、油罐室和油处理室应使用防爆型灯具、通风电动机，室内不得装设开关和插座；检修用的行灯应采用安全型防爆灯，其电缆应用绝缘良好的胶质软线。蓄电池室室内照明线应采用穿管暗敷，电池应避免阳光直射。

第4.2.6条 所有工作场所严禁采用明火取暖。蓄电池室、油罐室、油处理设备室严禁使用敞开式电热器取暖。

第4.3.1条第5款 保护导体必须有足够的截面和良好的电气连续性，严禁将金属水管、含有可燃性气体或液体的管道，以及正常使用中承受机械应力的导电部分用作保护导体。电气装置的外露可导电部分不得用作保护导体的串接过渡接点。

第4.5.6条 枢纽建筑物的掺气孔、通气孔、调压井，应在其孔口设置防护栏杆或设置钢筋网孔盖板，网孔应能防止人脚坠入。

第5.4.10条 气体灭火系统的储瓶间应设置机械通风。

3.8.4.2 GB/T 8564—2003《水轮发电机组安装技术规范》

第4.11条 现场制造的承压设备及连接件进行强度耐水压试验时，试验压力为1.5倍额定工作压力，但最低压力不得小于0.4MPa，保持10min，无渗漏及裂纹等异常现象。

设备及其连接件进行严密性耐压试验时，试验压力为1.25倍实际工作压力，保持30min，无渗漏现象；进行严密性试验时，试验压力为实际工作压力，保持8h，无渗漏现象。

单个冷却器应按设计要求的试验压力进行耐水压试验，设计无规定时，试验压力一般为工作压力的2倍，但不低于0.4MPa，保持30min，无渗漏现象。

第4.12条 设备容器进行煤油渗漏试验时，至少保持4h，应无渗漏现象，容器做完渗漏试验后一般不宜再拆卸。

第12.2.2条 油、气系统及有特殊要求的水系统管路中的钢管对口焊接时，应采用氩弧焊封底，电弧焊盖面的焊接工艺；管子的外径$D \leqslant 50$mm的对口焊接宜采用全氩弧焊。

第12.5.2条 工作压力在1MPa及以上的阀门和1MPa以下的重要部位的阀门，应按4.11条的要求做严密性耐压试验。

3.8.5　成品示范

测压管路成排布置，如图 3-22 所示。测压管路支架安装，如图 3-23 所示。测压管路安装，如图 3-24 和图 3-25 所示。

图 3-22　测压管路成排布置

图 3-23　测压管路支架安装

图 3-24　测压管路安装（一）

图 3-25　测压管路安装（二）

3.9　通风、空调系统设备及管路安装

3.9.1　通风、空调系统施工流程

通风、空调系统施工流程，如图 3-26 所示。

3.9.2　主要施工工艺

3.9.2.1　风机的安装

（1）风机的开箱检查应进行以下各项。

1）根据设备装箱清单，核对叶轮、机壳和其他部位的主要尺寸。

2）进风口、出风口的位置是否与设计相符。

3）进、出风口封堵完好。

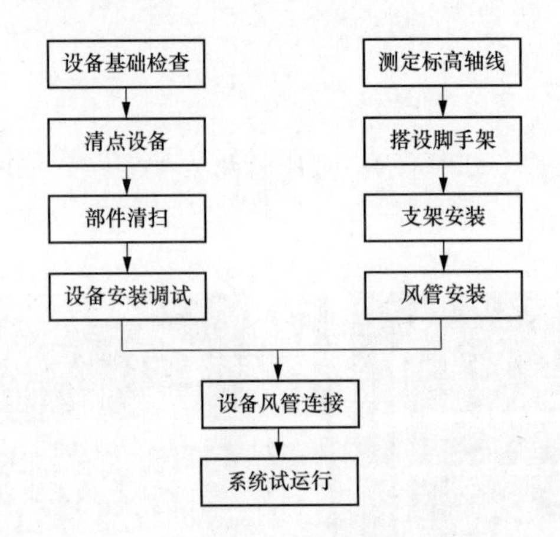

图 3-26　通风、空调系统施工流程

4）各切削加工面，机壳和转子不应有变形、锈蚀、碰损等缺陷。

（2）风机的搬运和吊装应符合下列规定。整体安装的风机，搬运和吊装的绳索不得捆缚在转子和风壳或轴承盖的吊环上；现场组装的风机，绳索的捆缚不得损伤机件表面，转子、轴颈和轴封等处不作为捆缚；输送特殊介质的风机转了和机壳内如涂有保护层，应严加保护，不得损伤。风机搬运和吊装时应注意保护，不得损坏机件表面和零部件。

（3）风机的安装要求。

1）安装风机前，必须先对风机进行外观检查，符合规范方可进行安装。现场组装风机的安装方法和注意事项，可依据设计图纸及风机安装规范和风机安装说明书进行安装。

2）风机底座不用隔震装置而直接安装在基础上的，应用垫铁找平。

3）风机的基础，各部位尺寸符合设计要求。预留孔灌浆前清除杂物，灌浆用细石混凝土，其强度等级比基础混凝土高一级，并捣固密实，地脚螺栓不得歪斜。

4）固定风机的地脚螺栓，除带有垫圈外，还应有防松装置。

5）电动机应水平安装在滑座上或固定在基础上，找正以风机轴线为准，安装在室外的电动机应设有防雨罩。

6）安装减震器的地面应平整，各组减震器承受的荷载应均匀、压缩量应一致，不得偏心。

7）风机的进风管、出风管等装置要设有单独的支撑，并与基础或其他建筑物连接牢固；风管与风机连接时，不得强迫对口，机壳不承受其他机件的重量。

8）离心式风机安装时，按设计图纸要求准确定位（平面和高程位置）。离心式风机轴承座纵横水平度允许偏差不大于 0.10mm/m；机壳与转轴同轴度允许偏差不大于 2mm；叶轮与机壳轴向、径向间隙允许偏差符合设计规定；主、从动轴中心允许偏差不大于 0.025mm；主、从动轴中心倾斜允许偏差不大于 0.20mm/m，皮带轮端面垂直度允许偏差不大于 0.50mm/m；两皮带轮端面在同一平面内允许偏差不大于 0.50mm。

9）轴流式风机安装时，机身应保持水平、牢固可靠，允许偏差与离心风机相同。在墙洞处安装时，与预留洞空隙采取有效措施严密封堵。轴流式风机机身纵横向水平度允许偏差不大于0.10mm/m，叶轮与主体风筒间隙或对应两侧间隙允许偏差应符合设计规定。

10）各类风机试运行时间不少于2h，且符合下列要求：叶轮旋转方向正确，运行平稳，转子与机壳无摩擦声音；转动部分径向振动值不超过有关规范的要求；对滚动轴承温升不得超过环境温度40℃，滑动轴承温度不超过65℃；电动机电流不超过额定电流。

11）风机的安装及验收按GB 50275《风机、压缩机、泵安装工程施工及验收规范》进行。

3.9.2.2　防火阀的安装

防火阀有左式与右式之分，阀板开启应呈逆气流方向。为达到易熔件正常感温，安装时面向气流方向。

现场安装的防火阀由于成品保护不当，放置过久，受潮生锈或在运输中损伤，产品本身质量问题，以及安装不良都会造成阀门启闭困难，甚至失灵。因此，防火阀安装后必须全数做动作试验，并要求启闭灵活。失灵的要修复，不合格的应及时更换。有电信号输出装置的防火阀，还需做电信号通路试验。排烟防火阀属于安全装置，平时处于常闭状态，在发生火灾时人控或自动打开阀门进行排烟，保护人员不受烟雾伤害。

防火阀是通风、空调系统中的安全装置，能在火灾时立即起作用，故对它的安装质量要求更为严格，安装后必须做动作试验的规定。安装方式按防火阀生产厂的安装技术要求进行。

安装防火阀之前，应先检查阀门外形及操作机构是否完好，动作是否灵活。

防火阀安装，方向位置应正确，易熔件应迎气流方向，安装后应做动作试验，阀门应启闭灵活，动作可靠。防火阀应有单独的支吊架，以避免风管在高温下变形影响阀门功能。防火阀等设备在安装后应进行定期检查和动作试验，若发现拉簧失效，应及时更换，并做记录。

3.9.2.3　百叶风口的安装

风口的安装，风口与风管的连接应严密、牢固；外表面应平整不变形，调节应灵活。风口水平安装，水平度的偏差不应大于3‰；风口垂直安装，垂直度的偏差不应大于2‰。同一厅室、房间内相同风口的安装高度一致，排列应整齐。铝合金条形风口的安装，其表面平整、线条清晰、无扭曲变形，转角、拼缝处衔接自然，且无明显缝隙。

3.9.2.4　组合式空调机系统的安装

（1）空调室外机安装前应调整好基础水平度，安装牢固可靠，并应采用减震措施，以保证机组平稳运行。

（2）空调室内机在天花板下吊装应稳固牢靠，有吊顶的房间应与装修专业密切配合，室内机安装要牢固美观。

(3) 组合式空调机组各功能段的组装，应符合设计规定的顺序和要求，各功能段的连接应严密，整体要平直。

(4) 机组下部的冷凝水排水管水封高度应符合设计要求。

(5) 机组应清扫干净，箱体内应无杂物、垃圾和灰尘。

(6) 机组内空气过滤器（网）和空气热交换器翅片应清洁、完好。

(7) 组合式空调室内机安装不应在盘柜的正上面。

3.9.2.5　通风管的安装

(1) 安装风管前的准备工作。

1) 通风管的安装要在土建建筑物围护结构施工完毕、安装部位的障碍物已清除、地面无杂物的条件下进行。

2) 检查现场预留孔洞的位置、尺寸是否符合设计图纸要求，有无遗漏现象。预留的孔洞应比风管实际截面积每边尺寸大 50mm。作业地点要有相应的辅助设施，如梯子、架子、升降架等，以及电源和安全防护装置、消防器材等。

3) 风管安装依据设计施工图纸及土建施工图，并经过技术、质量和安全交底，才可进行安装。

(2) 风管的吊装。

1) 首先根据现场具体情况，在梁、柱及楼板上选择两个以上可靠的吊点，然后挂好导链用绳索将风管捆绑结实。风管需整体吊装时，绳索不得直接捆在风管上，应用长木板托住风管底部，四周应有软性材料做垫层。

2) 在起吊时，当风管离地面 200～300mm 时，停止起吊，仔细检查导链受力点和捆绑风管的绳索、绳扣是否牢靠，风管的重心是否正确，若没问题，再继续起吊。风管放在支、吊架上后，将所有托板和吊杆连接好。确定风管稳固好后，才可解开绳扣，进行下一段风管的安装。

3) 根据施工现场情况，可在地面把几节风管连成一定的长度，然后采用整体吊装的方法就位；也可把风管一节一节地安装在支架上逐节连接。安装顺序是先主管后支管、由下至上进行。

(3) 风管支、吊架的施工。

1) 风管支架基础埋设按施工图纸进行。

2) 吊架的吊杆应平直，螺纹应完整、光洁。吊杆拼接可采用螺纹连接或焊接。

3) 按风管的中心线找出吊杆安装位置。单吊杆在风管的中心线上，双吊杆可按托板的螺栓孔距或风管的中心线对称安装，立管管卡安装时，应先把最上面的一个管件固定好，再用线坠吊在中心处，吊线下面的管卡即可按线进行固定。当风管较长时，需要安装一排支、吊架，可先把两端的安装好，然后以两端的支、吊架为基准，用拉线找出中间支、吊架的标

高进行安装。

4）支、吊架不得安装在风口、阀门、检查孔等处，以免妨碍检查维修操作。吊架不得直接吊在法兰上。

5）圆形风管与支架托板接触的位置需垫弧形木块，防止使风管变形。

（4）风管的法兰连接。

1）按设计要求选择法兰垫料。法兰垫料不能挤入或凸入风管内，法兰垫料应尽量减少接头，接头应采用梯形或锥形连接，并涂胶粘牢。法兰连接后严禁往法兰缝隙内填塞垫料。

2）法兰连接时先把两片法兰对正，然后将C形插条插入风管法兰凹槽内，插条应将整个凹槽插满。

3）连接好的风管，以两端法兰为基准，拉线检查风管连接是否平直。法兰连接时如发现法兰有破损（开焊、变形等），应及时更换、修补。

（5）风管安装技术要求。

1）风管穿出屋面处应设置防雨罩。穿出屋面超过1.5m的立管设拉索固定，拉索不得固定在风管法兰上，并严禁拉在避雷针或避雷网上。

2）明装风管水平安装，水平度的偏差，每米不应大于3mm，总偏差不应大于20mm。明装风管垂直安装，垂直度的偏差，每米不应大于2mm，总偏差不应大于20mm。

3）风管分节安装，对于不便于悬挂导链或受场地限制不能进行整体吊装时，可将风管分节用绳索拉到脚手架上，然后抬到支架上逐节安装。

4）如由于各种原因而出现尺寸误差时，应由制作风管厂家派人现场制作解决。

5）通风、空调管路、部件的安装及验收应按DL/T 5031《电力建设施工及验收技术规范（管路篇）》；GB 50235《工业金属管路工程施工规范》。GB 50243《通风与空调工程施工质量验收规范》进行。施工时，按通风及空调工程施工设计图纸施工。

3.9.3　质量控制要求及指标

3.9.3.1　风机、空调设备、风阀等设备安装位置允许偏差满足规范、合同及设计要求。

3.9.3.2　通风管路制作、安装满足规范、合同及设计要求。

3.9.3.3　系统调试及试运转各检测项满足规范、合同及设计要求。

3.9.3.4　各系统监测仪表、自动化元件安装位置允许偏差和整定值检验满足规范、合同及设计要求。

3.9.3.5　通风、空调系统综合效能试验满足规范、合同和设计要求。按照规范进行系统漏光或漏风试验，并按主要控制指标逐条进行检查。

轴流式风机安装现场质量验收签证单，见表3-7。

表 3-7　　　　**轴流式风机安装现场质量验收签证单**

单位工程名称		单元工程量	
分部工程名称		施工单位名称	
单元工程名称		部位名称	
高程、桩号		验收日期	

项次	检查项目	质量标准（mm）		检查记录
1	设备平面位置	±10		
2	高程	+20　−10		
3	机身纵、横向水平度	0.20mm/m		
4	Δ叶轮与主体风筒间隙或对应两侧间隙差	符合设计要求或 $D \leqslant 600$ 时不大于±0.5，$D > 600 \sim 1200$ 时不大于±1.0		
5 风机试运转 （试运转不少于 2h）	5.1　叶轮旋转方向	符合设计规定		
	5.2　运行检查	运行平稳，转子与机壳无摩擦声音		
	5.3　转子径向振动	转速（r/min）	径向振幅（双向）（mm）	
		>750～1000	≤0.10	
		>1000～1450	≤0.08	
		>1450～3000	≤0.05	
	5.4　轴承温度	滑动轴承不超过 60℃；滚动轴承不超过 80℃		
	5.5　电动机电流	不超过额定值		

技术说明：

检验结论			
施工单位			监理单位
初检： 年　月　日	复检： 年　月　日	终检： 年　月　日	监理工程师： 年　月　日

3.9.4　涉及的强制性条文

3.9.4.1　NB 35074—2015《水电工程劳动安全与工业卫生设计规范》

第 4.1.3 条第 5 款　机械排水系统的水泵管路出水口高层低于下游校核洪水位时，必须在排水管上装设止回阀。

第 4.2.4 条　防静电设计应符合下列要求。

油罐室、油处理室的油罐、油处理设备、输油管和通风设备及风管均应接地；

1. 移动式油处理设备在工作位置应设临时接地点。

2. 防静电接地装置的接地电阻，不应大于 30Ω。

3. 防静电接地装置应与工程中的电气接地装置公用。

第 4.2.5 条　蓄电池室、油罐室和油处理室应使用防爆型灯具、通风电动机，室内不得装设开关和插座；检修用的行灯应采用安全型防爆灯，其电缆应用绝缘良好的胶质软线。蓄电池室室内照明线应采用穿管暗敷，电池应避免阳光直射。

第 4.2.6 条　所有工作场所严禁采用明火取暖。蓄电池室、油罐室、油处理设备室严禁使用敞开式电热器取暖。

第 4.3.1 条第 5 款　保护导体必须有足够的截面和良好的电气连续性，严禁将金属水管、含有可燃性气体或液体的管道，以及正常使用中承受机械应力的导电部分用作保护导体。电气装置的外露可导电部分不得用作保护导体的串接过渡接点。

第 4.5.6 条　枢纽建筑物的掺气孔、通气孔、调压井，应在其孔口设置防护栏杆或设置钢筋网孔盖板，网孔应能防止人脚坠入。

第 5.4.10 条　气体灭火系统的储瓶间应设置机械通风。

3.9.4.2　GB 50243—2016《通风与空调工程施工质量验收规范》

第 4.2.2 条　防火风管的本体、框架与固定材料、密封垫料等必须采用为不燃材料，防火风管的耐火极限时间应符合系统防火设计的规定。

检查数量：全数检查。

检查方法：查验材料质量合格证明文件和性能检测报告，观察检查与点燃试验。

第 4.2.5 条　复合材料风管的覆面材料必须采用不燃材料，内部的绝热材料应采用不燃或难燃且对人体无害的材料。

检查数量：按材料与风管加工批数量抽查 10%，不应少于 5 件。

检查方法：查验材料质量合格证明文件、性能检测报告，观察检查与点燃试验。

第 5.2.7 条　防排烟系统的柔性短管必须采用不燃材料。

检查数量：全数检查。

检查方法：观察检查、检查材料燃烧性能检查报告。

第 6.2.2 条　挡风管穿过需要封闭的防火、防爆的墙体或楼板时，必须设置厚度不小于 1.6mm 的钢制防护套管；风管与防护套管之间应用不燃柔性材料密封堵严密。

检查数量：全数。

检查方法：尺量、观察检查。

第 6.2.3 条　风管安装必须符合下列规定。

1　风管内严禁其他管线穿越。

2　输送含有易燃、易爆气体或安装在易燃、易爆环境的风管系统必须设置可靠的防静电接地设置。

3　输送含有易燃、易爆气体或安装在易燃、易爆环境的风管系统通过生活区或其他辅助生产房间时不得设置接口。

检查数量：全数。

检查方法：尺量、观察检查。

4　室外风管系统的拉索等金属固定件严禁与避雷针或避雷网连接。

第 7.2.2 条　风机传动装置的外露部位，以及直通大气的进、出口，必须装设防护罩、防护网或采取其他安全防护措施。

检查数量：全数检查。

检查方法：依据设计图核对、观察检查。

第 7.2.10 条 静电式空气净化装置的金属外壳必须与 PE 线可靠连接。

检查数量：全数检查。

检查方法：核对材料、观察检查或电阻测定。

第 7.2.11 条 电加热器的安装必须符合下列规定。

1. 电加热器与钢构架间的绝热层必须采用不燃材料；外露的接线柱应加设安全防护罩。
2. 电加热器的外露可导电部分必须与 PE 线可靠连接。
3. 连接电加热器的风管的法兰垫片，应采用耐热不燃材料。

检查数量：全数检查。

检查方法：核对材料、观察检查，查阅测试记录。

3.9.5 成品示范

风管安装，如图 3-27 所示。风管连接，如图 3-28 所示。防火阀、百叶风口安装，如图 3-29 所示。

图 3-27 风管安装

图 3-28 风管连接

图 3-29 防火阀、百叶风口安装

第四章　电气部分标准化施工工艺

4.1　编制依据

本手册在编写过程中，参考以下标准、规范及相关文件。

(1) GB/T 8564《水轮发电机组安装技术规范》。

(2) GB 50236《现场设备、工业管道焊接工程施工规范》。

(3) GB 50235《工业金属管道工程施工规范》。

(4) GB 50243《通风与空调工程施工质量验收规范》。

(5) DL 5278《水电水利工程达标投产验收规程》。

(6) DL/T 751《水轮发电机运行规程》。

(7) GB 50261《自动喷水灭火系统施工及验收规范》。

(8)《工程建设标准强制性条文　电力工程部分》。

(9)《四川雅砻江公司水电工程达标投产管理办法》。

(10)《雅砻江流域水电站机电设备表面涂漆颜色规划方案》。

(11) GB 50147《电气装置安装工程　高压电器施工及验收规范》。

(12) GB 50148《电气装置安装工程　电力变压器、油浸电抗器、互感器施工及验收规范》。

(13) GB 50149《电气装置安装工程　母线装置施工及验收规范》。

(14) GB 50150《电气装置安装工程　电气设备交接试验标准》。

(15) GB 50168《电气装置安装工程　电缆线路施工及验收标准》。

(16) GB 50169《电气装置安装工程　接地装置施工及验收规范》。

(17) GB 50171《电气装置安装工程　盘、柜及二次回路接线施工及验收规范》。

(18) GB 50172《电气装置安装工程　蓄电池施工及验收规范》。

(19) DL/T 5161.1～DL/T 5161.17《电气装置安装工程　质量检验及评定规程》。

(20) NB/T 35076《水力发电厂二次接线设计规范》。

(21)《国家电网公司十八项电网重大反事故措施》。

(22) DL 5027《电力设备典型消防规程》。

(23) GB 50016《建筑设计防火规范》。

(24) GB 50303《建筑电气工程施工质量验收规范》。

(25)《防止电力生产事故的二十五项重点要求》国能安全〔2014〕161号。

(26) GB/T 50976《继电保护及二次回路安装及验收规范》。

4.2 适用范围

本手册适用于雅砻江流域水电站建设期电气部分各系统的施工过程控制，系统如下。

(1) 电气接地系统。

(2) 电气照明系统。

(3) 电气封闭母线安装。

(4) GIS设备安装。

(5) 直流系统。

(6) 电缆敷设。

(7) 防火封堵施工。

(8) 电缆头制作工艺。

(9) 电缆二次配线。

(10) 成套配电柜、控制柜（屏、台）和动力、照明配电箱（盘）安装。

(11) 电缆桥架安装。

(12) 主变压器。

(13) 出线设备安装。

4.3 一般规定

4.3.1 电气工程施工现场管理，应符合下列规定。

(1) 安装电工、电气调试人员及有关的特殊操作工种等，应按有关要求持证上岗。

(2) 安装和调试用的计量器具，应检定合格，使用时在有效期内。

4.3.2 电气设备上的计量仪表和与电气保护有关的仪表均应检定合格，当投入试运行时，应在有效期内。

4.3.3 电气工程施工质量验收应在自检的基础上，按照检验批、单元工程、分部工程进行。

4.3.4 电气工程的施工除符合本手册的规定外，还应按照被批准的施工图纸、合同约定的内容及相关技术标准的规定进行施工。施工图纸修改必须有设计单位的变更通知书。

4.3.5 电气工程中的电气设备安装施工对土建工程的要求：与电气设备有关的建筑物、构筑物的土建工程质量，应符合国家现行的有关土建施工及验收规范的规定。电气设备安装

前土建工程应具备以下条件。

4.3.5.1 屋顶楼板应施工完毕，不得渗漏；电气室、中控室等房屋内部粉刷装饰应完毕。

4.3.5.2 对电气设备安装有妨碍的模板、脚手架等应拆除，场地清理干净；室内地面基础应施工完毕，并应在墙上标出抹面标高。

4.3.6 预埋件应埋设牢固，预埋件及预留孔的尺寸应符合设计和有关规范规定。

4.3.7 设备基础和构架应达到允许设备安装的强度；焊接构件应符合有关现行国家规范及设计的要求，基础槽钢应牢固可靠。

4.3.8 电气室、中控室等的室内湿度应达到设计要求或产品技术文件的有关规定。

4.3.9 电气设备安装完毕，投入运行前，建筑工程应符合以下规定：门窗安装完毕；运行后无法进行的和影响安全运行的工作应施工完毕；施工中造成的建筑物损坏部分应修补完整，电气设备基础的二次灌浆及抹面应完成。

4.3.10 施工现场应具有必要的施工技术标准、健全的质量管理体系和工程质量检验制度。施工组织设计应经过审查批准，按有关的施工工艺标准或经审定的施工技术方案施工，实现施工全过程质量控制。

4.3.11 工程施工归档文件应符合档案管理规定。

4.3.12 安全、环保措施

4.3.12.1 施工前应制定有效的安全、防护措施，进行安全交底，并应遵照安全技术及劳动保护制度执行，参加安装的电工、起重工、焊工持证上岗。

4.3.12.2 施工机械用电必须采用一机一闸一保护。

4.3.12.3 吊装作业开始前，索具、机具必须先经过检查，合格后方可使用。

4.3.12.4 使用绳索吊装物体时，绳索必须有足够的承重能力，将物体系牢，吊装物体下严禁有人。

4.3.12.5 作业前，检查电源线路应无破损，漏电保护装置应灵活可靠。

4.3.12.6 施工中使用的各种电气机具应符合 JGJ 46《施工现场临时用电安全技术规范》，避免发生电线短路和人身接触触电事故。

4.3.12.7 防止机械漏油污染地面。

4.3.12.8 加强有毒有害物体的管理，对有毒有害物体要定点排放。

4.4 电气封闭母线安装

4.4.1 母线安装一般工艺流程

母线安装一般工艺流程，如图 4-1 所示。

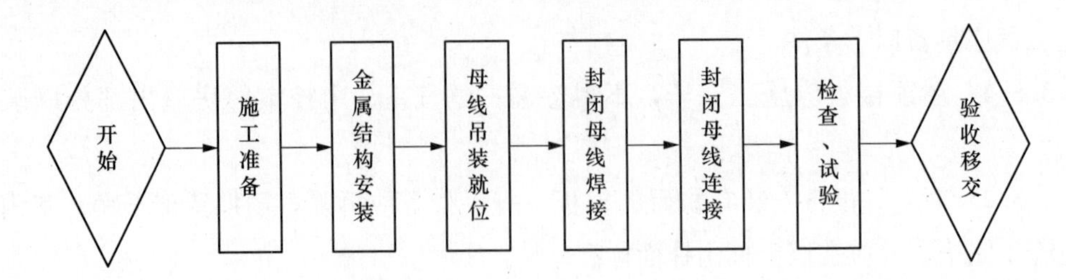

图4-1　母线安装一般工艺流程

4.4.2　母线安装主要施工工艺

4.4.2.1　支架制作

（1）根据施工现场的结构类型，支吊架应采用角钢、槽钢或圆钢制作，可采用“—”“L”“T”“ ⊔”等形式。

（2）支架应用切割机下料，加工尺寸最大误差为5mm。用台钻、手电钻钻孔，严禁用气割开孔，孔径不得超过螺栓直径2mm。

（3）杆螺纹应用套丝机或套丝扳加工，不得有断丝。

（4）支架及吊架制作完毕，应除去焊渣，并刷防锈漆和面漆。

4.4.2.2　支架安装

（1）支架和吊架安装时必须拉线或吊线锤，以保证成排支架或吊架的横平竖直，并按规定间距设置支架和吊架。

（2）母线的拐弯处及与配电箱、柜连接处必须安装支架，直线段支架间距不应大于2m，支架和吊架必须安装牢固。

（3）母线垂直敷设支架：在每层楼板上，每条母线应安装2个槽钢支架，一端埋入墙内，另一端用膨胀螺栓固定于楼板上。当上下两层槽钢支架超过2m时，在墙上安装一字形角钢支架，角钢支架用膨胀螺栓固定于墙上。

（4）母线水平敷设支架：可采用U形吊架或L形支架，用膨胀螺栓固定在顶板或墙板上。

（5）膨胀螺栓固定支架不少于两条。一个吊架应用两根吊杆，固定牢固，螺扣外露2～4扣，膨胀螺栓应加平垫和弹簧垫，吊架应用双螺母夹紧。

（6）支架与埋件焊接处刷防腐漆，应均匀、无漏刷、不污染建筑物。

4.4.2.3　封闭、插接母线安装

（1）按照母线排列图，将各节母线、插接开关箱、进线箱运至各安装地点。

（2）按母线排列图，从起始端（或电气竖井入口处）开始向上、向前安装。

（3）母线槽在插接母线组装中要根据其部位进行选择。

1）L形水平弯头应用于平卧、水平安装的转弯，也应用于垂直安装与侧卧水平安装的

过渡。

2）L形垂直弯头应用于侧卧安装的转弯，也应用于垂直安装与平卧安装之间的过渡。

3）T形垂直弯头应用于侧卧安装的转弯，也应用于垂直安装与平卧安装之间的过渡。

4）Z形水平弯头应用于母线平卧安装的转弯。Z形垂直弯头应用于母线侧卧安装的转弯，变压器母线槽应用于大容量母线槽向小容量母线槽的过渡。

4.4.2.4　垂直母线安装工艺

（1）封闭母线吊装时采用一段一段的吊装，吊装采用专用尼龙编织带或外穿橡皮保护的钢丝绳。起吊应平稳、慢速，避免产生猛烈震动而使母线变形和支撑绝缘子损坏。母线吊装到位应尽量置于抱箍上，并固定牢靠，防止滑动、滚动而跌落。

（2）吊装垂直段母线前，必须用钢管和木板搭设好安装母线的施工平台。施工平台搭设必须牢固，搭设时还须留出母线的起吊位置，同时在施工平台周围挂好安全防护网。施工时工作人员必须系好安全绳。施工平台搭好后，首先安装母线构架，再吊装母线。

（3）母线起吊到安装高度后，用导链调整母线的位置及角度，调整时用尼龙吊带做好保险，并对垂直段母线进行精调，确认垂直段母线的安装高程、中心后，用抱箍、螺栓、螺母、平垫片、弹簧垫圈固定住母线，确定固定过程中母线的垂直度在规范要求内。垂直段母线作为定位段，然后逐节向上安装。

4.4.2.5　水平段母线安装工艺

（1）对于安装在吊架上的水平段母线及安装在支架上的水平段母线，先安装好吊杆、立柱，再安装横梁及母线抱箍底座。同一段母线用两个导链同时将母线吊放到相应的构架上，用抱箍固定。

（2）在吊装过程中，使各段、各相母线的绝缘子位置保持一致。封闭母线外壳上没有必要打开的安装孔尽量不要打开，防止破坏密封性，外壳端部的保护在该段吊装时再打开。打开后要将母线内的运输支撑件清除干净，清扫尘土、杂物时采用干燥压缩空气吹扫或吸尘器吸尘，也可用清洁的白布擦拭，清扫干净后，再用塑料布包扎好母线端部，防止潮气、杂物、灰尘侵入。

4.4.2.6　封闭母线电流互感器安装

封闭母线电流互感器的安装与封闭母线安装同步进行，母线吊装到有电流互感器段时，及时安装电流互感器。根据设计图纸核对电流互感器的型号及规格正确无误后，对电流互感器进行外观检查和试验，合格后，对其进行安装。安装时调整电流互感器与母线导体同心，拧紧电流互感器支撑螺栓。安装时注意使电流互感器内侧的压力调整弹簧或均压线与母线导体接触良好，电流互感器的二次接线符合设计要求。

4.4.2.7　封闭母线密封套管的安装工艺

（1）装有微正压装置的封闭母线，为保持母线内部自然冷却，防止外部水分、灰尘及其他杂物进入母线内部，封闭母线与发电机引出线、电流互感器柜、电压互感器及避雷器柜、主变压器等的连接处均要装设密封套管。

（2）密封套管套在封闭母线导体上，其外缘与母线外壳一般用L形夹具固定，中间用橡胶密封垫密封，密封套管与导体间隙采用橡胶密封套，钢带密封。

（3）安装前，要仔细检查密封瓷套管表面，应清洁，无裂纹、损伤等缺陷。清理外壳法兰表面，涂好密封胶，将密封垫摆正粘好，再将密封套管用夹具固定到外法兰上，套管的中心应与导体的中心一致。螺栓紧固要均匀，且用力适中，防止损坏瓷套。将橡胶密封套套在导体上，在密封套内部与导体之间设一根 ϕ1mm 左右的裸铜线，并用密封胶涂好铜线两侧，将密封套用钢带拉紧。细铜丝的另一端搭到密封套管内层裙边，保证母线与密封套管内孔壁的等电位连接，再将橡胶密封套翻到密封套管的裙边上，压住细铜丝，用双层拉带拉紧。

4.4.2.8　封闭母线与相关电气设备的连接工艺及要求

（1）封闭母线与发电机出口、高压厂用变压器、电压互感器柜、主变压器、中性点端子及可拆断点均采用铜辫子或薄铜片压成的伸缩节螺接而成。以上工作在各相关设备耐压试验合格后进行。

（2）伸缩节根据安装位置的不同，规格型号会有差异，安装时应按厂家编号和要求进行安装。

（3）伸缩节接触面镀银层的保护套安装时再拆除，运输时应轻搬轻放，防止损伤接触面。无镀银层伸缩节应用钢丝刷刷去氧化膜，有一定弯曲度的伸缩节安装时，要使各层伸缩节的弯曲度一致，两接触面平整对齐，穿拆螺栓灵活。连接之前，用酒精或丙酮清洁接触面，并涂上薄薄的一层电力复合脂。

（4）母线的接触面必须连接紧密，螺栓的紧固采用力矩扳手，紧固螺栓通常采用不锈钢或铜螺栓，紧固力矩根据厂家规定值进行。螺栓紧固后，伸缩节应自然平整，保证良好的接触，铜片伸缩节不得散开，不得有裂纹及断股和折皱现象。设备端子不得受额外应力，伸缩节距接地部分的距离应满足安全净距要求。

（5）软连接工作完毕后，再次检查连接的正确性，清洁后即可进行外壳软连接。外壳软连接前，检查橡胶密封套的外观应完好无损、无裂纹等异常情况，有纵向接地的伸缩套应将其转向要求侧。外壳软连接时首先在外壳表面均匀涂上一层搭接宽度密封胶，使密封套平整一致，然后用专用扎带重叠扎两圈，将密封套与外壳收紧，用卡子固定牢固，钢带卡下部收紧前应垫好一个梯形橡胶垫，防止钢带卡处压力不均匀造成密封不良。

4.4.2.9　封闭母线穿墙堵板的安装

（1）在穿越楼板预留洞处先测量好位置，检查预留孔洞尺寸是否影响母线的安装。

（2）封闭母线吊装就位前，先将封闭母线穿墙处的框架点焊于预埋件上，再用配套的螺栓套上防震弹簧、垫片，拧紧螺母临时固定在管箍支架上。

（3）用吊带或手拉葫芦将封闭母线吊装就位并调整完毕后，根据图纸调整好穿墙板、框

架的位置，将框架及穿墙板固定牢靠。

（4）穿墙板的磁路必须断开，以防产生涡流。

4.4.2.10 封闭母线短路板及接地连接

（1）封闭母线短路板一般焊接在母线外壳的短路板均流环上。焊接前，首先将外壳处的油漆清理干净后，将短路板与母线垂直并紧贴在封闭母线外壳上，两者之间不能有间隙，再用氩弧焊将短路板与母线外壳焊接为一整体。

（2）封闭母线外壳、短路板根据厂家及设计的要求可靠接地。

（3）封闭母线构架的金属部分与接地网可靠连接。

4.4.2.11 封闭母线附属设备装配

封闭母线附属设备包括观察窗、温湿度传感器、铭牌、微正压充气系统、压力控制仪表等。这些附属设备在封闭母线焊接结束后，按照施工图和厂家说明书规定的安装方法、工艺进行安装。

4.4.2.12 封闭母线密封试验

在封闭母线安装完成及母线通断、绝缘、连接性试验合格后，方可进行密封性试验，泄漏率应满足厂家技术要求。首先检查封闭母线各处是否都已密封好，微正压装置是否正常，确认无误后，按说明书规定的数值向封闭母线内充入规定压力的空气，检查保压时间是否满足要求，如不能满足，用肥皂水检查漏点并进行处理，直至符合要求为止。

4.4.2.13 封闭母线清扫和整体喷漆

（1）封闭母线安装过程中，要分阶段、多次进行清扫和检查。喷漆前，进行一次大清扫，将母线外部的尘土、杂物清理干净，除去外壳表面的毛刺、焊瘤、飞溅、标签，并用汽油或丙酮清洗表面油污。干燥后，在外壳表面均匀喷一层锌黄环氧底漆，以增加抗腐蚀能力和增加铝表面与面漆的结合力，底漆宜薄，干燥后再喷涂面漆两遍，喷涂时，应横竖交错进行，要求均匀且不产生流痕，第一层干燥后再按同样方法喷涂第二遍。

（2）喷涂漆结束后检查漆层，应均匀、平滑、美观、色泽一致，无漏喷，无皱纹、流痕、脱皮等缺陷，否则进行重喷，并直至达到上述要求。

4.4.2.14 封闭母线的焊接工艺

（1）焊接前的调整。

1）母线焊接前先进行调整、定位、固定，先后顺序为断路器、发电机出口母线、主变压器段母线、中性点母线。

2）按设计要求调整各相母线的高程、中心，测量各段尺寸，复测设备间的距离。出现超标误差后，根据图纸和国家规范要求，将误差均匀分配到各断口上。

3）调整相邻两相母线的中心线，使相间距离符合规范要求。

4）调整合格后，将母线的抱箍固定牢固，再进行封闭母线的连接及与相关设备的连接。

（2）焊机、焊丝选择要求。封闭母线导体和外壳焊接主要采用半自动氩弧焊机，焊丝的选择应与焊机的导电嘴、送丝管相匹配，材质按母线制造厂要求或母线与外壳、导体的材质相一致。

（3）焊接准备。

1）氩弧焊焊工必须持证上岗，并经现场考核合格。正式焊接前，根据厂家要求进行焊机焊接参数调整，检验焊机的性能，试验好焊机的参数设置。

2）需坡口的焊口，应在焊接前打好坡口。坡口倒角应符合规范要求，坡口面应无毛刺、卷边等缺陷，先用酒精、丙酮等清洗剂清洁焊口处的油漆、油污等，再用不锈钢丝刷除去衬管、坡口部位和坡口边缘两侧的氧化膜。

（4）焊接工艺要求。

1）焊接时按照厂家的焊接技术文件、国家标准要求进行，由有经验并经过考试合格的焊工来承担，氩弧焊接的氩气纯度必须达到规定要求。

2）焊接母线时，固定母线的抱箍不能滑动，以免产生大的变形，并用石棉布保护导体、外壳、绝缘子和五金件等。

3）焊丝盘拆封后，立即装入送丝机，并根据厂家要求调整好焊接参数。调整时，在设置单独的铝板上进行调整试验，严禁在母线上调试焊接参数。

4）封闭母线导体焊接前先进行点焊。点焊间距为每点长度约为30～45mm，厚度约3～4mm。点焊后，用不锈钢丝刷刷去氧化物及飞溅，再焊接整个焊接面，每道焊缝应一次焊完，除瞬间断弧外不得停焊。每层焊缝焊完后应将焊瘤飞溅铲去，并用不锈钢丝刷刷去氧化膜，再进行下一层焊接。母线焊完应待焊口完全冷却后方可移动或受力，防止产生裂纹。

5）环境温度低的情况下先预热焊件，预热温度根据铝板的厚度和散热快慢决定，严防因预热温度过低，凝固快，而产生气孔，甚至引起裂纹；预热温度过高，会使溶液面积扩大、凝固慢，在焊缝上产生焊瘤，使焊缝不美观，且易造成母线变形。

6）导体焊接完成后，清理母线内部氧化物、飞溅、灰尘等杂物。将支持绝缘子安装好，在导体焊接区域刷好无光黑漆，再将外壳双抱瓦扣好拉紧，外壳的点焊与导体相同，但由于外壳的同心度可能出现微小偏差造成搭接面缝隙较大，应在点焊的同时用木榔头将缝隙敲小，使整个圆周和纵向搭接焊缝间隙符合要求，再进行焊接。

4.4.3　母线安装质量控制要求及指标

4.4.3.1　一般规定

（1）裸母线、封闭母线、插接式母线的型号、规格、电压等级等必须符合设计要求，有产品合格证、材质证明及安装技术文件。

（2）封闭母线、插接母线应符合下列规定。

1）查验合格证和随带安装技术文件。

2）外观检查：防潮密封良好，各段编号标志清晰，附件齐全，外壳不变形，母线螺栓搭接

面平整、镀层覆盖完整、无起皮和麻面；插接母线上的静触头无缺损、表面光滑、镀层完整。

（3）封闭母线、插接式母线安装应按以下程序进行。

1）变压器、高低压成套配电柜、穿墙套管及绝缘端子等安装就位，经检查合格，才能安装变压器和高低压成套配电柜的母线。

2）封闭、插接式母线安装，在结构封顶、室内底层地面施工完成或已确定地面标高、场地清理、层间距离复核后，才能确定支架设置位置。

3）与封闭、插接式母线安装位置有关的管道、空调及建筑装修工程施工基本结束，确认扫尾施工不会影响已安装的母线，才能进行安装。

4）封闭、插接式母线每段母线组对接前，绝缘电阻测试合格，绝缘电阻值大于 20MΩ，才能安装组对。

5）母线支架和封闭、插接式母线的外壳接地（PE）或接零（PEN）连接完成，母线绝缘电阻测试和交流工频耐压试验合格，才能通电。

6）封闭、插接母线组装和固定位置应正确，外壳与底座间、外壳各连接部位和母线的连接螺栓应按产品技术文件要求选择正确，连接紧固。

4.4.3.2　母线安装质量指标及控制措施

母线安装质量指标及控制措施，见表 4-1。

表 4-1　　母线安装质量指标及控制措施

序号	质量控制点	质量控制内容	质量控制措施
1	构架安装	（1）固定抱箍的构架面高程偏差不超过±5mm。 （2）构架中心偏差不超±5mm	（1）用全站仪确定母线及构架的高程、中心线。 （2）仔细检查，保证测量放点的正确
2	母线吊装调整	（1）母线导体与外壳的同心度偏差不超过±5mm。 （2）相间距离偏差不超过±5mm。 （3）母线导体与外壳双抱瓦焊接，其纵向尺寸偏差不超过±15mm。 （4）母线伸缩节在现场焊接的一端，纵向尺寸偏差不超过±15mm	（1）用抱箍临时固定母线，调整母线同心度到符合要求。 （2）母线调整时合理分配断口误差，调整到符合要求后，抱紧母线抱箍
3	母线焊接	（1）焊接截面大于或等于被焊截面的 1.25 倍。 （2）焊缝表面呈正常细致的鱼鳞状，焊缝宽度均匀一致。 （3）焊缝未焊透长度不得超过焊缝长度的 10%，深度不得超过被焊金属厚度的 5%。 （4）焊缝不允许有裂纹、烧穿、焊坑、焊瘤等现象	（1）采用氩弧焊接，用考试合格的焊工承担焊接工作。 （2）焊接前，用白布沾酒精清洗焊缝处的污物及氧化物。 （3）焊接前现场调整好焊机参数
4	试验	（1）按厂家要求对封闭母线进行接地安装。 （2）根据厂家要求对母线进行气密封试验，应符合要求。 （3）母线安装完毕后用 2500V 绝缘电阻表测量，其绝缘电阻不小于 20MΩ。 （4）根据 GB 50150《电气装置安装工程　电气设备交接试验标准》及厂家要求对整套母线进行耐压试验，不应有击穿闪络现象	（1）充分清扫母线内部后再进行外壳抱瓦安装。 （2）提高焊接质量，保证外壳焊缝不漏气。 （3）试验前，轮流拆卸绝缘子，用酒精进行清扫

4.4.4 母线试验及质量验收要求

（1）裸母线、封闭母线、插接式母线安装单元工程的施工质量验收应按每回路安装作为检验批。

（2）检验批的抽查数量：高压部分母线连接及弯曲处全检，母线安装其他内容抽查 10 处。

（3）封闭母线及发电电压设备安装结束后，首先检查封闭母线及发电电压设备外表有无碰伤、损坏、变形，漆层是否完好，对于损坏的进行校正或更换，用干燥的压缩空气对其吹扫，并用吸尘器吸去灰尘，对母线绝缘子、盘型绝缘子等柜内器具用白布沾酒精擦拭干净。

（4）检查避雷器柜、主变压器等电气回路是否断开，工频耐压试验电压值比封闭母线低的其他设备不能与封闭母线相连，若母线与上述设备间的安全距离不符合要求时，应采取隔离措施，同时将电流互感器短路接地，并用裸铜线将发电机引出线、主变压器低压侧短路接地，检查确认无误后进行试验，现场检查和试验时做好记录。试验按照设备厂家的安装说明书、GB 50150《电气装置安装工程　电气设备交接试验标准》的规定进行。

4.4.5 涉及的强制性条文

4.4.5.1 GB 50147—2010《电气装置安装工程　高压电器施工及验收规范》

第 3.0.4 条　电气设备的金属底座、框架及外壳和传动装置，必须接地。

第 4.1.8 条　严禁利用金属软管、管道保温层的金属外皮或金属网、低压照明网络的导线铅皮，以及电缆金属护层作为接地线。

第 4.2.9 条　电气装置的接地必须单独与接地母线或接地网连接，严禁在一条接地线中串接两个及两个以上需要接地的电气装置。

4.4.5.2 NB 35074—2015《水电工程劳动安全与工业卫生设计规范》

第 4.3.1 条第 5 款　保护导体必须有足够的截面和良好的电气连续性，严禁将金属水管、含有可燃性气体或液体的管道，以及正常使用中承受机械应力的导电部分用作保护导体。电气装置的外露可导电部分不得用作保护导体的串接过渡接点。

第 4.3.3 条　如果干式变压器没有布置在独立的房间内，其四周应设置防护围栏或防护等级不低于 IP2X 的防护外罩，并应考虑通风防潮措施。

第 5.4.4 条　六氟化硫气体绝缘电气设备的配电装置室、检修室及六氟化硫气体存储室，室内空气中六氟化硫气体含量不应超过 $6.0g/m^3$。

第 5.4.5 条第 1 款　六氟化硫气体绝缘电气设备的配电装置室、检修室及六氟化硫气体存储室应采取以下措施：应设置机械排风装置，其排风机电源开关应设置在门外，室内空气不应再循环，且不应排至其他房间。

4.4.6 成品示范

封闭母线吊装，如图 4-2 所示。母线同心度控制，如图 4-3 所示。母线焊接，如图 4-4

所示。效果图，如图 4-5～图 4-9 所示。

图 4-2　封闭母线吊装

图 4-3　母线同心度控制

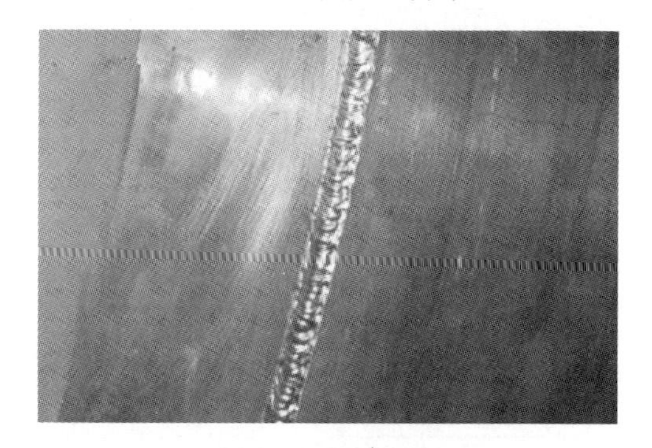

图 4-4　母线焊接

图 4-5　效果图（一）

图 4-6　效果图（二）

图 4-7　效果图（三）

图 4-8　效果图（四）

图 4-9　效果图（五）

4.5 GIS设备安装

4.5.1 GIS设备安装一般工艺流程

GIS设备安装一般工艺流程，如图4-10所示。

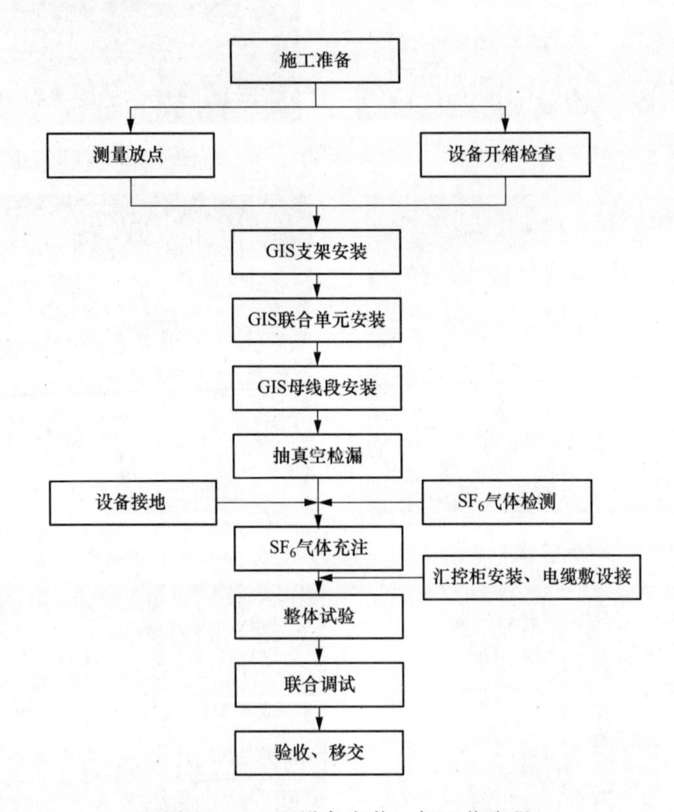

图4-10 GIS设备安装一般工艺流程

4.5.2 主要施工工艺

4.5.2.1 设备支架安装

设备支架安装利用全站仪及水准仪全程监测，确保整个GIS室设备支架水平和高程符合设计要求。

4.5.2.2 GIS联合单元安装

(1) 首先确认安装基准及最先就位的单元。

(2) GIS室内的设备由GIS室的桥机吊到相应设备基础上初步就位，先将每个间隔的CB定位，作为基准主母线，并以此为中心，分别在两端依次连接其他单元及主母线段，直至装完。

4.5.2.3 母线段安装

(1) 母线段安装时先卸去端部的运输罩，用尼龙吊带吊住母线筒，慢慢与已安装好的设

备进行连接。装好一段后，再拆卸另一端的运输罩，仍按上述方法进行母线安装。对于散装的母线段，可采用厂家提供的专用工具进行安装。

（2）母线安装时，应先检查导体表面及条状触指有无生锈、氧化物、划痕及凹凸不平处，如有，则采用细砂纸或细锉刀将其处理干净平整，并用清洁的无纤维白布或不起毛的擦拭纸蘸无水酒精洗净触指内部，在触指上涂上薄薄的一层电力复合脂，如不立即安装应先用塑料布将其包好。导体安装时，将其放在专用小车上，用尼龙绳系好母线悬空端，推进母线筒到刚好与触头座接触上，然后用母线插入工具将母线完全推进触头座内；提起母线的悬空端，使母线处于正中位置，将导体装卸小车拉出，然后再与其他元件连接。如果是垂直母线段安装，也应在水平状态下安装导体，然后再进行吊装。母线对接应通过观察孔进行检查和确认。

4.5.2.4　法兰连接

（1）法兰对接前，应先对法兰面、密封槽及密封圈进行检查，法兰面及密封槽应光洁、无损伤，对轻微伤痕可用细砂纸、油石打磨平整。密封圈用白布或不起毛的擦拭纸蘸无水酒精擦拭干净，放入密封槽内。然后在空气一侧均匀的涂密封胶，并薄薄的均匀涂到气室外侧法兰上。

（2）涂完密封胶应立即接口或盖封板，并注意不得使密封剂流入密封圈内侧，密封胶的作用是使密封圈与空气隔绝，防止密封圈老化，保护金属法兰面不生锈。

（3）法兰合拢前，应先检查母线筒内，应清洁、无遗留物品，并做好施工记录。连接时，先将四根导向销对称地插入法兰孔中，导向销全部长度应能自如地插入，没有卡阻现象。如发现导向销插入困难，表明法兰面没有对平，此时应使法兰左、右、上、下移动一下，将法兰面对平，使导向销能自如地插入法兰中，然后慢慢地将法兰靠拢。当两法兰靠不拢时，用法兰夹对称地夹住法兰两侧，收紧法兰夹使法兰靠拢，然后在与导向销对称的四个螺孔中插入螺栓，并对称地拧紧（用力矩扳手按厂家提供的紧固力矩拧紧）。

4.5.2.5　更换吸附剂、抽真空及充气

（1）更换吸附剂。抽真空之前，必须更换现场安装气室的吸附剂。更换不能安排在雨天和相对湿度大于80%的情况下进行，吸附剂从包装箱中取出后需要检查是否受潮，若受潮须更换合格吸附剂。取出到装入产品的时间不应超过2h，更换后应尽快进行抽真空处理。

（2）抽真空及真空检漏。

1）安装完的密封段气室应及时抽真空和充 SF_6，其目的是防止水分进入GIS内部。断路器气室一般抽真空8～12h（按制造厂规定），其他气室一般6～8h（按制造厂规定）。真空度一般在133Pa（按制造厂规定）以下。

2）真空度达到要求值后，关闭阀门，停止抽真空，保持真空状态，检查真空度变化，真空压力上升应满足产品技术要求。若不合格，则应查明原因，处理后重新抽真空。

3）真空检漏合格后，再抽一定时间真空，即可充入合格的 SF_6 气体。

4）采用真空泵抽真空时，在真空泵与GIS之间应加装真空罐和逆止阀，以防止真空泵突然停止或因误操作引起真空泵中的润滑油倒灌事故。

（3）充气。

1）对到货的SF_6气体应进行检查，合格后才能使用。

2）充气可利用专用充气小车来进行，考虑到盆式绝缘子单侧受压能力不高，充气分两次进行，第一次充气体的压力一般为额定压力的一半，第二次再充气到额定压力。

3）充气完成后，稳定24h（按制造厂规定）后测量气体的含水量，其含水量应符合制造厂和规范要求。

4.5.2.6 设备现场试验

机械操作和机械特性试验、主回路电阻测量、水分含量测量、密封试验、绝缘试验、局放试验等。

4.5.3 质量控制要求及指标

4.5.3.1 一般要求

（1）GIS元件装配应符合下列要求。

1）装配工作应在无风沙、雨雪，空气相对湿度小于80%的条件下进行，并采取防尘、防潮措施。

2）应按厂家编号和规定的程序进行装配，不得混装。

3）使用的清洁剂、润滑剂、密封脂和擦拭材料必须符合产品的技术规定。

4）密封槽面应清洁、无划伤痕迹；已用过的密封圈不得再使用；涂密封脂时，不得使其流入密封圈内侧与SF_6气体接触。

5）绝缘子应清洁、完好；应按产品的技术规定选用吊装器具及吊点。

6）连接体的插头中心应对准插口，不得卡阻，插入深度应符合产品的技术规定。

7）所有螺栓的紧固均应用力矩扳手，其力矩值应符合产品的技术规定。

8）应按产品的技术规定更换吸附剂。

（2）SF_6气瓶的搬运和保管，应符合下列要求。

1）SF_6气瓶的安全帽、防震圈应齐全、安全帽应拧紧，搬运时应轻装轻卸，严禁抛掷溜放。

2）SF_6气瓶应存放在防晒、防潮和通风良好的场所，不得靠近热源和油污的地方，严禁水分和油污粘在阀门上。

3）SF_6气瓶与其他气瓶不得混放。

（3）试验前着重检查下列几个方面。

1）GIS、GIL设备的SF_6气压保持在额定值范围内，逐个记录气室的实际气压数值，并对SF_6气管所有阀门进行全面检查，使其处于正常运行状态。

2）按试验分段接线图核对所有 CB、DS、ES 的分/合状态和母线分段位置正确，非被试设备已可靠接地，试验回路上所有电流互感器的二次回路已完成短路接地。

3）所有设备支架全部已按规范接地完毕。

4）每次耐压前后，用 2500kV 绝缘电阻表测量一次回路绝缘电阻，并做好记录。

5）试验前实测一次试验回路电容值，与计算值进行比较。

6）在试验设备范围内，安排有经验的工作人员进行监护，及时反映情况。

4.5.3.2　控制指标

（1）GIS 设备安装高程的控制：复测安装面的高程、水平度，若不满足厂家的要求，在安装基础前应进行处理，并满足安装要求。在 GIS 基础（槽钢）的安装过程中，重点是严格控制槽钢的埋设高程与槽钢之间的距离满足设计图纸的要求。安装前进行复测与定位，包括基础的高程、中心和设备的位置，为设备安装提供准确可靠的数据。

（2）SF_6 气体的充注应符合下列要求。

1）充注前，充气设备及管路应洁净，无水分、油污，管路连接部分应无渗漏。

2）气体充入前，应按产品的技术规定对设备内部进行真空处理；抽真空时，应防止真空泵突然停泵或因误操作而引起倒灌事故。

3）充气速度要均匀，速度不能过快，钢瓶外壁不结露，即用手触摸无湿感。

4）当气室已充有 SF_6 气体且含水量检验合格时，可直接补气。

（3）SF_6 气体技术条件应符合表 4-2 的规定（表中指标为重量比值）。

表 4-2　　SF_6 气体技术条件

名称	指标
空气（N_2+O_2）	≤0.05%
四氟化碳	≤0.05%
水分（$\times10^{-6}$）	≤8
酸度（以 HF 计）（$\times10^{-6}$）	≤0.3
可水解氟化物（$\times10^{-6}$）	≤1.0
矿物油（$\times10^{-6}$）	≤10
纯度	≥99.8%
生物毒性试验	无毒

（4）测量六氟化硫气体微量水含量应符合下列规定（下述 ppm 值为体积比）。

1）有电弧分解的隔室，应小于 150ppm；无电弧分解的隔室，应小于 500ppm。

2）微量水含量的测量应在封闭式组合电器充气 24h 后进行。

4.5.4　涉及的强制性条文

4.5.4.1　NB 35074—2015《水电工程劳动安全与工业卫生设计规范》

第 4.3.1 条第 5 款　保护导体必须有足够的截面和良好的电气连续性，严禁将金属水

管、含有可燃性气体或液体的管道，以及正常使用中承受机械应力的导电部分用作保护导体。电气装置的外露可导电部分不得用作保护导体的串接过渡接点。

第 4.3.3 条 如果干式变压器没有布置在独立的房间内，其四周应设置防护围栏或防护等级不低于 IP2X 的防护外罩，并应考虑通风防潮措施。

第 5.4.4 条 六氟化硫气体绝缘电气设备的配电装置室、检修室及六氟化硫气体存储室，室内空气中六氟化硫气体含量不应超过 6.0g/m^3。

第 5.4.5 条第 1 款 六氟化硫气体绝缘电气设备的配电装置室、检修室及六氟化硫气体存储室应采取以下措施：应设置机械排风装置，其排风机电源开关应设置在门外，室内空气不应再循环，且不应排至其他房间。

4.5.4.2 GB 50147—2010《电气装置安装工程 高压电器施工及验收规范》

第 5.6.1 条 在验收时应进行下列检查。

4. GIS 中的断路器、隔离开关、接地开关及其操作机构的联动应正常、无卡阻现象；分、合闸指示应正确；辅助开关及电气闭锁应动作正确、可靠。

6. 六氟化硫气体压力、泄漏率和含水量应符合 GB 50150《电气装置安装工程 电气设备交接试验标准》及产品技术文件的规定。

4.5.5 成品示范

GIS 设备成品展示，如图 4-11 所示。效果展示，如图 4-12 所示。

图 4-11 GIS 设备成品展示

图 4-12 效果展示

4.6 主变压器

4.6.1 技术准备

4.6.1.1 施工前进行图纸会审，并按照已批准的施工组织设计（施工方案）进行技术交底，明确施工方法及质量标准、安全环保措施等。

4.6.1.2 按施工图测量放线、坐标和高程、走向，经复核符合设计要求。

4.6.2　主变压器安装一般工艺流程

主变压器安装一般工艺流程，如图 4-13 所示。

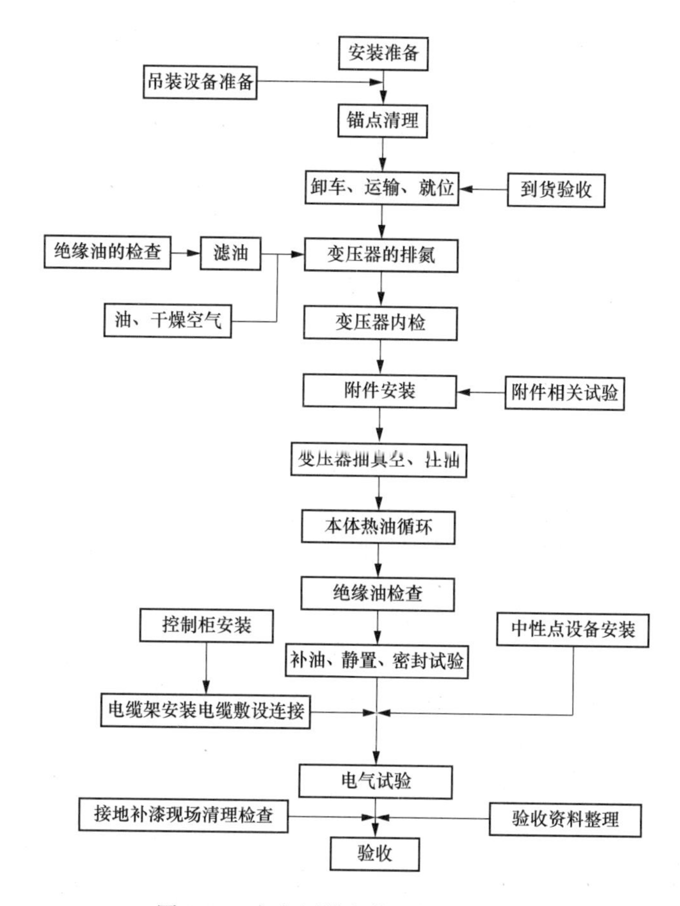

图 4-13　主变压器安装一般工艺流程

4.6.3　主要施工工艺

4.6.3.1　变压器油的前期处理

（1）变压器油运到现场后，目测其颜色、气味、商标均一致后，按 GB 50148《电气装置安装工程　电力变压器、油浸电抗器、互感器施工及验收规范》规定的比例取油样送检，检验合格后用干净的专用油泵送入临时滤油系统。

（2）绝缘油过滤前，安装、调试好绝缘油过滤系统。

（3）按变压器实际用油量的 1.05 倍，在现场滤好所需的合格变压器油。

4.6.3.2　变压器主体排氮

变压器在进行安装前须对变压器排氮。其排氮方法有两种，即注油排氮和抽真空排氮。在此选用抽真空排氮，抽真空排氮管路及设备布置示意，如图 4-14 所示。

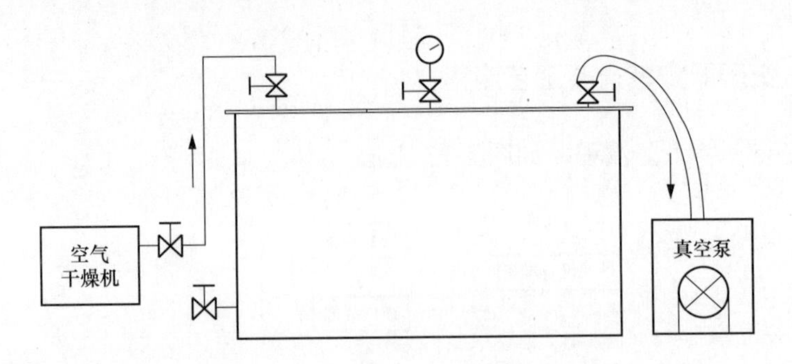

图 4-14　抽真空排氮管路及设备布置示意

抽真空排氮的步骤如下。

(1) 把一个真空压力表（−0.1～0.15MPa）安装在变压器箱顶的一个阀门上，并打开此阀门。

(2) 打开变压器箱顶或侧壁上的抽真空阀门，释放油箱内正压力的氮气，直至压力表示数接近于 0。

(3) 将真空泵的抽真空软管连接到变压器的抽真空阀门上。

(4) 启动真空泵对变压器抽真空至−0.08MPa，立即关闭真空泵和抽真空阀门。

(5) 打开干燥空气源阀门，注入合格的干燥空气至微正压。

4.6.3.3　变压器的内检

在空气相对湿度不大于 75%时才能进入变压器内部进行检查。内检时从油箱进人孔处进入油箱进行内检。

4.6.3.4　变压器的内检注意事项

(1) 变压器主体在没有进行排氮前，任何人不得进入箱内，以免发生窒息危险。

(2) 排氮完毕后，保证变压器内足够的空气才进入变压器本体内部进行检查，检查人员一般 1～2 人为宜，内检过程中始终保持注入干燥空气直至内检结束。

(3) 所用工具严格执行登记清点制度，防止遗忘箱中。

(4) 打开的所有盖板要有防尘措施，严防灰尘进入箱中。

(5) 进入变压器内部的内检人员必须穿专用工作服、鞋帽，并在厂家的指导下进行，带入的工具必须进行检查登记且用白布带系紧，除所带工具外不许带其他任何金属物件。作业人员在内部作业的全过程中应继续向变压器内部吹入干燥空气，进人洞口外应留有配合人员，进人口要用白布掩盖以防灰尘进入。

(6) 变压器内检时，器身暴露在空气中的时间要尽量缩短，允许暴露的最长时间（从开始打开盖板破坏变压器密封至重新抽真空止）如下。

1) 干燥天气（空气相对湿度 65%以下）：12h。

2) 潮湿天气（空气相对湿度 65%～75%）：8h。

(7) 箱内检查过程中，移动工具和灯具时注意不要损坏绝缘，不允许在箱内更换灯泡。

（8）内部检查接线工作如果当天未能干完，内部必须充入合格的干燥空气，箱内正压保管。依照厂家规定进行内部检查及内部接线，引线的根部不得有死弯。

4.6.3.5　变压器内部检查的主要项目

（1）拆出内部临时支撑件。

（2）所有联接处的紧固件是否松动。

（3）引线的绝缘是否良好，支撑、夹紧是否牢固。

（4）压钉、定位钉和固定件等是否松动。

（5）铁芯和夹件间的绝缘是否良好，是否有多余的接地点。

（6）检查引线与分接开关的连接是否良好。

（7）最后在箱内进行清理，清除残油、纸屑、污杂物等。

（8）在进行内检的同时，进行套管运输前拆卸的绝缘件等的复装工作。

4.6.3.6　抽真空注油

注油前对变压器进行抽真空处理，不能承受真空压力的附件与本体隔离；对允许抽同样真空度的部件应同时抽真空。真空注油时，设备各接地点及油管道应可靠接地。变压器的真空度和注油速度应符合变压器厂家和 GB 50148《电气装置安装工程　电力变压器、油浸电抗器、互感器施工及验收规范》的规定。

（1）变压器附件安装完毕，检查无误后，对变压器进行抽真空作业。

（2）变压器抽真空，真空度残压值不大于 0.13kPa，真空度满足要求后持续抽真空 24h。抽真空时，监视并记录油箱的变形。

（3）注入变压器本体内的合格油应从本体油箱下部阀门注入，注油速度不超过 6000L/h，直到注油结束为止。注油过程中变压器本体内应保持真空度为残压值不大于 0.13kPa。

（4）注油完成后维持真空 2h 即可进行热油循环。

4.6.3.7　热油循环（以 500kV 变压器为例）

（1）变压器在真空注油后，为消除安装过程中器身绝缘表面的受潮，必须进行热油循环，油箱中油温维持在 60～70℃，循环时间不小于 72h，循环油的油量不小于 3 倍的变压器总油量/通过滤油机每小时的油量。

（2）通过真空滤油机进行热油循环，整个循环系统（包括变压器）的真空度，在整个热油循环过程均残压小于 0.13kPa，变压器不能注满油（油面至盖 100～200mm）。

（3）经过热油循环的油应达到耐压：≥60kV（标准油杯试验）；含水量：≤10μL/L；含气量：≤1%；tanδ(90℃)：≤0.7%；否则仍应继续热油循环至油质达到上述规定。

4.6.3.8　补油及油的静置

（1）热油循环结束后，关闭所有与真空泵连接的阀门，解除真空，关闭储油柜顶端胶囊与柜体间的真空蝶阀，通过真空滤油机加注补充油，使储油柜的油面达到略高于储油柜正常的工作油面。

（2）注油完毕后，打开储油柜与变压器主体连接的真空蝶阀。静置72h；变压器无渗漏，打开所有的放气塞进行排气，储油柜的排气按其使用说明书进行。

4.6.3.9　密封试验

真空注油完毕后，进行变压器的密封试验，在此选用油泵试验。试验时用真空滤油机向箱内注油，使箱内油压维持在24～29kPa，12h无渗漏。变压器密封试验时必须关闭连通储油柜的真空蝶阀，让储油柜不连同进行此试验。

4.6.3.10　变压器油取样

（1）变压器油取样的准备

1）取样容器：棕色磨口瓶、注射器。

2）取样部位：变压器底部取油口保持清洁。

（2）变压器油取样的步骤及要求。

1）在取样前，首先要对取样容器用蒸馏水清洗、烘干，并检查密封性。

2）拆下取油阀防尘罩，用干净滤纸或棉布将出油嘴擦拭干净。

3）套上取样工具，拧松圆螺母或阀芯，取出少量油冲洗管路和取样容器，然后再正式取样。

4）用注射器取样，要先抽出注射器芯，用油冲洗管和芯，以确保抽拉自如。取样时一定要避免气泡进入。若有气泡进入，要排掉重取。取够量后，用油洗涤，并注满橡胶封帽，排出封帽中空气，然后套上注射器端嘴。

5）取样后要尽快做试验。

4.6.3.11　投运前的检查、试验

（1）运前检查。

1）检查各阀位置是否正确，温度计中是否注了变压器油。

2）检查储油柜和套管的油面高度是否符合要求。

3）铁芯和主体的接地可靠。

4）检查各组件的安装是否正确，有无渗漏油的现象。

5）检查分接开关位置三相是否相同。

6）检查呼吸器内吸附剂是否合格，呼吸是否通畅。

7）对压力继电器、温度计、油泵、电动阀、油流指示器、水流指示器、电流互感器等元件的性能进行检查，对保护、控制信号回路接线准确性进行检查。

（2）投运前的试验。

1）绝缘油试验。

2）冷却系统调试。

3）变压器常规电气试验。

4）变压器局部放电。

5）感应耐压试验。

6）冲击试验。

4.6.4　质量控制要求及指标

4.6.4.1　一般要求

（1）变压器元件装配应符合下列要求。

1）装配工作现场应采取防尘、防潮措施。

2）应按厂家编号和规定的程序进行装配，不得混装。

3）使用的清洁剂、润滑剂、密封脂和擦拭材料必须符合产品的技术规定。

4）密封槽面应清洁、无划伤痕迹。

5）绝缘子、套管应清洁、完好；应按产品的技术规定选用吊装器具及吊点。

6）各种管道的连接体应符合产品的技术规定。

7）所有螺栓的紧固均应用力矩扳手，其力矩值应符合产品的技术规定。

8）应按产品的技术规定进行热油处理。

9）进行变压器附件吊装时使用的吊装工具必须在吊装前检查合格，吊装时吊点合理可靠。

（2）试验前着重检查下列几个方面。

1）进行电气试验时试验回路上所有电流互感器的二次回路已完成短路接地。

2）每次耐压前后，用2500V绝缘电阻表对一次回路测量其绝缘电阻，并做好记录。

3）在试验设备范围内，安排有经验的工作人员进行监护，及时反映情况。

4.6.4.2　控制指标

在安装过程中，测量好变压器中心线、GIS、封闭母线的轴线，并且要随时测量复核工作。

在施工的过程中，边监控、边验收。做好“三检”工作，在设备安装工序中，做好相应工序的验收签证资料。检查并保管好设备、原材料及构件的出厂证明等相关文件。

施工人员认真、及时的填写工程安装记录、施工日记等相关资料。

4.6.5　涉及的强制性条文

4.6.5.1　NB 35074—2015《水电工程劳动安全与工业卫生设计规范》

第4.3.1条第5款　保护导体必须有足够的截面和良好的电气连续性，严禁将金属水管、含有可燃性气体或液体的管道，以及正常使用中承受机械应力的导电部分用作保护导体。电气装置的外露可导电部分不得用作保护导体的串接过渡接点。

第4.3.3条　如果干式变压器没有布置在独立的房间内，其四周应设置防护围栏或防护等级不低于IP2X的防护外罩，并应考虑通风防潮措施。

第5.4.4条　六氟化硫气体绝缘电气设备的配电装置室、检修室及六氟化硫气体存储室，室内空气中六氟化硫气体含量不应超过6.0g/m^3。

第 5.4.5 条第 1 款 六氟化硫气体绝缘电气设备的配电装置室、检修室及六氟化硫气体存储室应采取以下措施：应设置机械排风装置，其排风机电源开关应设置在门外，室内空气不应再循环，且不应排至其他房间。

4.6.5.2 GB 50148—2010《电气装置安装工程 电力变压器、油浸电抗器、互感器施工及验收规范》

第 4.9.1 条 绝缘油必须按 GB 50150《电气装置安装工程 电气设备交接试验标准》的规定试验合格后，方可注入变压器、电抗器中。

第 4.9.2 条 不同牌号的绝缘油或同牌号的新油与运行过的油混合使用前，必须做混油试验。

第 4.12.1 条 变压器、电抗器在试运行前，应进行全面检查，确认其符合运行条件时，方可投入试运行。检查项目如下。

1. 本体、冷却装置及所有附件应无缺陷，且不渗油。

2. 设备上应无遗留杂物。

3. 事故排油设施应完好，消防设施齐全。

4. 本体与附件上的所有阀门位置核对正确。

5. 变压器本体应两点接地。中性点接地引出后，应有两根接地引线与主接地网的不同干线连接，其规格应满足设计要求。

6. 铁芯和夹件的接地引出套管、套管的末屏接地应符合产品技术文件的要求；电流互感器备用二次线圈端子应短接接地；套管顶部结构的接触及密封件应符合产品技术文件的要求。

第 4.12.2 变压器、电抗器试运行时，应按下列规定项目进行检查：

1. 中性点接地系统的变压器在进行冲击合闸时，其中性点必须接地。

4.6.6 成品示范

主变压器安装，如图 4-15 所示。主变压器安装效果，如图 4-16 和图 4-17 所示。

图 4-15 主变压器安装

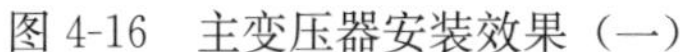

图 4-16　主变压器安装效果（一）

图 4-17　主变压器安装效果（二）

4.7　出线设备安装

4.7.1　施工准备工作

4.7.1.1　施工前进行图纸会审，并按照已批准的施工组织设计（施工方案）进行技术交底，明确施工方法及质量标准、安全环保措施等。

4.7.1.2　按施工图测量放线、坐标和高程、走向，经复核符合设计要求。

4.7.2　出线场设备安装一般工艺流程

出线场设备安装一般工艺流程，如图 4-18 所示。

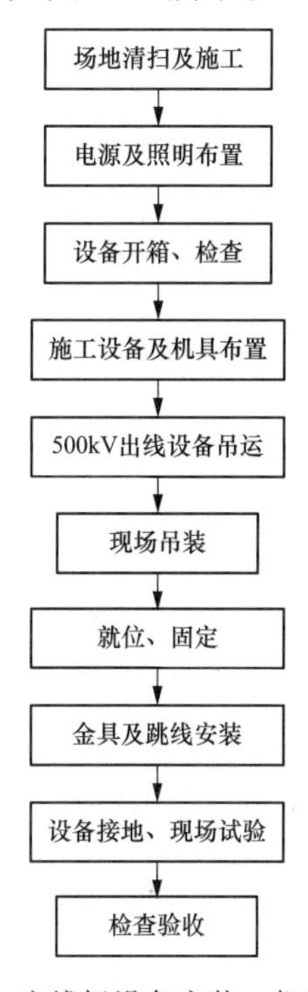

图 4-18　出线场设备安装一般工艺流程

4.7.3 主要施工工艺

4.7.3.1 设备基础测量及支架安装

根据提供的基准点，用全站仪引到安装点，并做好标记；根据设计图纸，检查设备中心和高程应满足要求；根据基准点，按设计要求进行设备支架安装和固定。

4.7.3.2 电容式电压互感器安装

设备在安装前进行外观和绝缘检查，电气参数测试合格；将设备支架找正固定后，用吊车将设备吊到支架上垂直找正后固定；按要求进行设备接地。

4.7.3.3 支柱绝缘子、阻波器及结合滤波器安装

支柱绝缘子、阻波器及结合滤波器安装前进行外观和绝缘检查；检查立柱、支柱绝缘子及阻波器安装接口螺孔尺寸是否一致，用吊车将支柱绝缘子吊到支架上垂直找正后固定，阻波器及结合滤波器按设计要求进行挂装。

4.7.3.4 避雷器及放电计数器安装

设备在安装前进行外观和绝缘检查并合格，用吊车将设备吊到支架上垂直找正后固定；按图纸要求安装好放电计数器，按要求进行避雷器及放电计数器接地。

4.7.3.5 金具及跳线安装

把金具和软导线置于橡皮垫上进行全面检查，金具应完好、导线无扭结、松股断股及其他明显的损伤和缺陷；用软绳丈量好跳线的长度后，在导线断口两端进行绑扎，防止导线松股，手工锯断。用钢丝刷清理导线与金具接触面的氧化层，在导线与金具接触面上涂一层薄薄的导电脂，用电动液压压线机进行导线与金具压接；设备与金具间的连接螺栓，用力矩扳手拧紧。

压线机的压力要符合要求，全部引接线的压接均在橡皮垫上进行，严禁导线在地面上拖拉；根据设计要求，控制引接线的弧垂。

4.7.4 质量控制要求及指标

4.7.4.1 出线场设备装配应符合下列要求。

（1）装配工作应在无风沙、雨雪的条件下进行，并采取防尘、防潮措施。

（2）检查设备基础的水平度及垂直度符合设计要求。

（3）应按厂家编号和规定的程序进行装配，不得混装。

（4）使用的清洁剂、润滑剂、密封脂和擦拭材料必须符合产品的技术规定。

（5）绝缘子应清洁、完好；应按产品的技术规定选用吊装器具及吊点。

（6）连接体的插头中心应对准插口，不得卡阻，插入深度应符合产品的技术规定。

（7）所有螺栓的紧固均应用力矩扳手，其力矩值应符合产品的技术规定。

4.7.4.2　试验前着重检查下列几个方面。

（1）对试验涉及的电气元件必须对其接线端进行查看是否能承受试验电压、电流。

（2）试验回路上所有电流互感器的二次回路已完成短路接地，电压互感器的二次回路不得短路。

（3）所有设备支架全部已按规范接地完毕。

（4）每次耐压前后，用 2500V 绝缘电阻表对一次回路测量其绝缘电阻，并做好记录。

（5）试验前实测一次试验回路电容值，与计算值进行比较。

（6）在试验设备范围内，安排有经验的工作人员进行监护，及时反映情况。

4.7.4.3　质量验收

对已完成的检验批及单元工程，按设计图纸、资料和相关的规范要求自检（若是分阶段实施，应将各阶段安装检测、调试的记录资料，按规定的统一表格填写检查结果及数据），并按有关质量评定标准进行质量自评，报送监理工程师，监理工程师组织验收。

4.7.5　涉及的强制性条文

4.7.5.1　NB 35074—2015《水电工程劳动安全与工业卫生设计规范》

第 4.3.1 条第 5 款　保护导体必须有足够的截面和良好的电气连续性，严禁将金属水管、含有可燃性气体或液体的管道，以及正常使用中承受机械应力的导电部分用作保护导体。电气装置的外露可导电部分不得用作保护导体的串接过渡接点。

第 4.3.3 条　如果干式变压器没有布置在独立的房间内，其四周应设置防护围栏或防护等级不低于 IP2X 的防护外罩，并应考虑通风防潮措施。

第 5.4.4 条　六氟化硫气体绝缘电气设备的配电装置室、检修室及六氟化硫气体存储室，室内空气中六氟化硫气体含量不应超过 $6.0g/m^3$。

第 5.4.5 条第 1 款　六氟化硫气体绝缘电气设备的配电装置室、检修室及六氟化硫气体存储室应采取以下措施：应设置机械排风装置，其排风机电源开关应设置在门外，室内空气不应再循环，且不应排至其他房间。

4.7.5.2　GB 50147—2010《电气装置安装工程　高压电器施工及验收规范》

第 4.4.1 条　电气连接应可靠且接触良好。

4.7.5.3　GB 50169—2016《电气装置安装工程　接地装置施工及验收规范》

第 2.2.1 条　电气装置的下列金属部分，均应接地：

1. 电机、变压器、电器、携带式或移动式用电器具等的金属底座和外壳。

2. 屋内外配电装置的金属或钢筋混凝土构架，以及靠近带电部分的金属遮栏和金属门。

4.7.6　成品示范

出线场设备安装，如图 4-19 所示。

图 4-19 出线场设备安装

4.8 电气接地系统

4.8.1 接地安装一般工艺流程

接地安装一般工艺流程，如图 4-20 所示。

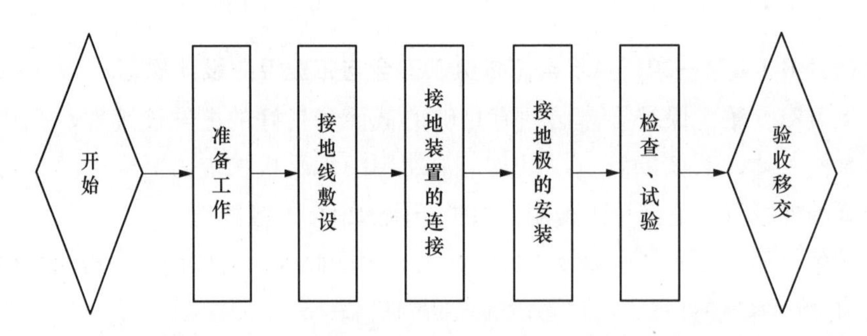

图 4-20 接地安装一般工艺流程

4.8.2 设备接地的工艺流程及主要质量控制要求

4.8.2.1 设备接地安装要求

（1）接地安装应符合设计及规范要求。

（2）接地材料（接地扁钢、接地铜排等接地材料）安装位置应合理，便于检查，必须在不妨碍设备的拆卸与检修、不妨碍通道处引出，便于使用，且符合设计要求。

（3）搭接面积、焊接面数等应符合设计要求，焊接后焊缝表面应饱满、平整，无砂眼、夹砂和损伤母材现象，焊接完成后应用钢丝刷清除接头上焊渣，对现场接地线应有必要的防护措施。

（4）接地线的安装应美观，防止因加工方式造成接地线截面减小、强度减弱、容易生锈，弯曲不能采用热处理，弯曲部位无裂痕、变形。

（5）支持件的间距，在水平直线部分宜为 1m，直线部分宜为 2m，转弯部分宜为 0.3～

0.5m。

(6) 每个电气装置的接地应以单独的接地线与接地干线相连接；不得在一个接地线中串接几个需要接地的电气装置。设备接地应由最近的接地线处引出，必须使用设备上专用接地点进行连接，设备接地不允许串联。所有的电气盘柜外应有明显的接地点。

(7) 二次盘柜室及保护室盘柜外，应沿着盘柜布置方向敷设截面 $100mm^2$ 的专用铜排，将该铜排首末段连接成环，形成等电位接地网。等电位接地网应经由至少 4 根截面不小于 $50mm^2$ 的多股铜导线接入电厂的主接地网。

(8) 盘柜内应分别设截面积不小于 $100mm^2$ 的保护接地铜排和工作接地铜排，盘柜内与接地网相连的各种功能地（工作地）应采用截面积不小于 $4mm^2$ 的多股铜导线连接至工作接地铜排，各盘柜内的接地铜排应经由截面积不小于 $50mm^2$ 的铜排分别引至等电位接地网。

(9) 保护装置之间、保护装置至开关场就地端子箱之间联系电缆，以及高频收发信机的电缆屏蔽层应双端接地，使用截面积不小于 $4mm^2$ 多股铜质软导线可靠连接到等电位接地网的铜排上。

4.8.2.2　接地扁钢、接地铜排、黄绿线连接要求

接地扁钢、接地铜排、黄绿线与设备的连接均用螺栓连接，并应加防松垫圈，接地扁钢开孔位置要求统一在末端以下 20mm 中心线上。

4.8.2.3　设备接地工艺要求

(1) 设备接地镀锌扁钢高度统一为出地面 300mm。

(2) 油气水管路等电位连接线，统一采用 $25mm^2$ 黄绿接地线，同规格法兰接地线弯曲半径、方向一致，安装位置应考虑阀门检修维护方便。油气水管路等电位连接线安装工艺如图 4-21 所示。

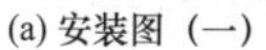
(a) 安装图（一）

(b) 安装图（二）

图 4-21　油气水管路等电位连接线安装工艺

(3) 接地线应水平或垂直敷设，也可与建筑物倾斜结构平行敷设；在直线段上，不应出

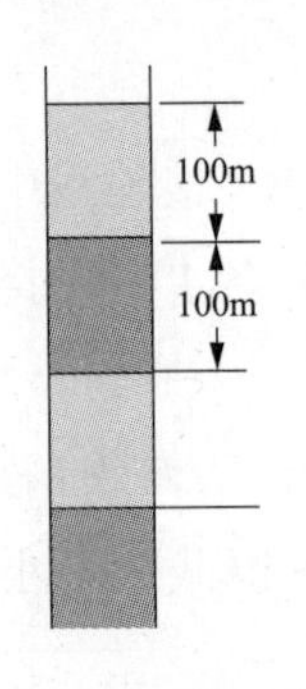

图 4-22　接地扁钢涂刷样式

现高低起伏及弯曲等现象。

（4）全厂设备接地制作工艺、安装应一致、统一。

（5）每处设备接地扁钢必须在连接处往下均匀涂刷 100mm 宽度的黄绿相间标志漆（如图 4-22 所示），连接部位不涂刷油漆。每根接地扁钢引出端的直角必须打磨成对称的圆角。

（6）刷漆顺序：先对刷漆部位涂刷黄色面漆，待黄色面漆自然风干后，再利用专用塑料模具进行绿色面漆涂刷。

（7）每个接地桩应张贴接地图标，图标基本样式为白底黑符。接地图标，如图 4-23 所示。

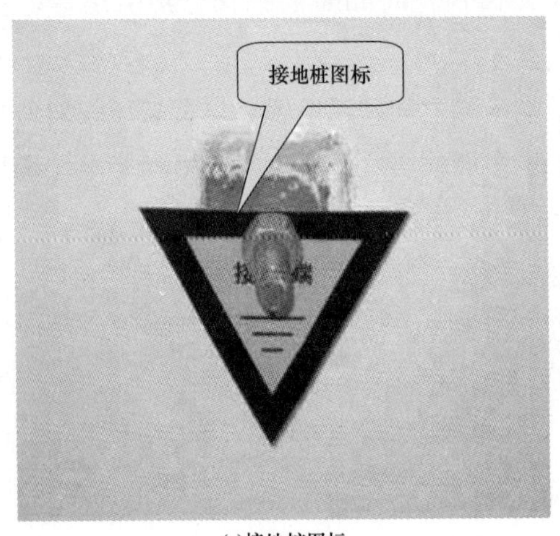

(a)接地桩图标

(b)接地图标样式

图 4-23　接地图标

接地扁钢效果，如图 4-24 所示。电机接地示意，如图 4-25 所示。主变压器铁芯及夹件接地效果，如图 4-26 所示。等电位网安装示意，如图 4-27 所示。

图 4-24　接地扁钢效果

图 4-25　电机接地示意

图 4-26　主变压器铁芯及夹件接地效果

图 4-27　等电位网安装示意

4.8.3　涉及的强制性条文

4.8.3.1　NB 35074—2015《水电工程劳动安全与工业卫生设计规范》

第 4.3.1 条第 5 款　保护导体必须有足够的截面和良好的电气连续性，严禁将金属水管、含有可燃性气体或液体的管道，以及正常使用中承受机械应力的导电部分用作保护导体。电气装置的外露可导电部分不得用作保护导体的串接过渡接点。

第 4.3.3 条　如果干式变压器没有布置在独立的房间内，其四周应设置防护围栏或防护等级不低于 IP2X 的防护外罩，并应考虑通风防潮措施。

4.8.3.2　GB 50169—2016《电气装置安装工程　接地装置施工及验收规范》

第 4.3.4 条　接地线、接地极采用电弧焊连接时应采用搭接焊缝，其搭接长度应符合下列规定。

1. 扁钢为其宽度的 2 倍且不得少于 3 个棱边焊接。
2. 圆钢为其直径的 6 倍。
3. 圆钢与扁钢连接时，其长度为圆钢直径的 6 倍。
4. 扁钢与钢管、扁钢与角钢焊接时，除应在其接触部位两侧进行焊接外，还应由钢带或钢带弯成的卡子与钢管或角钢焊接。

4.9　电气照明系统

4.9.1　照明安装一般工艺流程

照明安装一般工艺流程，如图 4-28 所示。

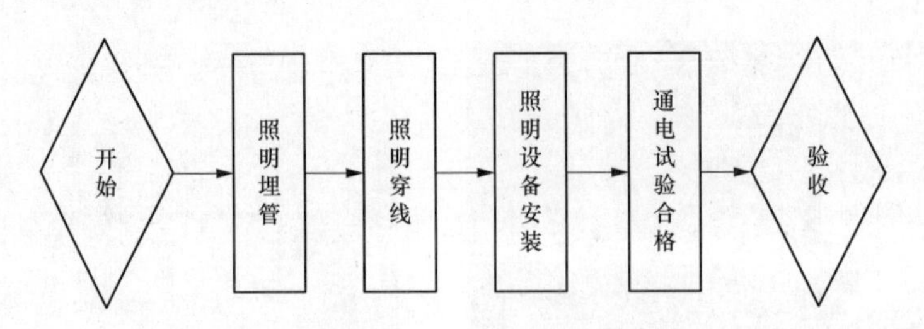

图 4-28　照明安装一般工艺流程

4.9.2　主要质量控制要求

4.9.2.1　穿线

（1）穿线前对管口进行清理，表面光滑无毛刺，金属面板进出线孔装设保护套。

（2）穿线顺序按照明分电箱—分支接线盒—照明器具进行穿线，接线盒内导线按设计要求方式连接，所有的接头在接线盒内，所有管内、线槽内不得有接头。导线在分支接线盒内预留一定的长度。

（3）根据设计图纸，校核管路中导线的根数、导线截面及颜色符合设计要求。

（4）穿线后用 500V 绝缘电阻表测试线与线、线与地的绝缘电阻，大于 1MΩ 为合格。

4.9.2.2　照明分电箱安装

安装照明分电箱安装示意，如图 4-29 所示。照明分电箱安装效果，如图 4-30 所示。

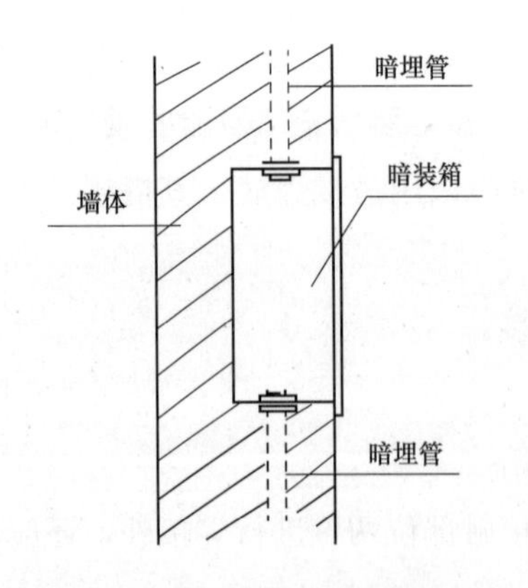

图 4-29　安装照明分电箱安装示意

图 4-30　照明分电箱安装效果

（1）照明配电箱中心线距地面高度为 1.5m。

（2）并排成照明箱安装应高度一致，箱与箱之间间隙均匀。

（3）照明配电箱（板）应安装牢固，其垂直偏差不应大于 3mm；暗装时，照明配电箱（板）四周应无空隙，其面板四周边缘应紧贴墙面，箱体与建筑物、构筑物接触部分应涂防腐漆。

（4）照明配电箱（板）内，应分别设置零线和保护地线（PE 线）汇流排，零线和保护线应在汇流排上连接，不得铰接，并应有编号。所有的导线均有明显的标识，标明其电缆号、回路号及相序。

（5）照明配电箱（板）上标明用电回路及名称，标签样式为内部：黄底黑字，外部（含透明门）：白底红字。

（6）核对分电箱型号及尺寸，并根据设计图纸检查箱内的开关容量及回路数，标上箱子编号及名称。

（7）照明开关应贴明负荷标识，照明开关负荷标识，如图 4-31 所示。电源插座应表明插座上级电源标示，插座上级电源标示示意，如图 4-32 所示。

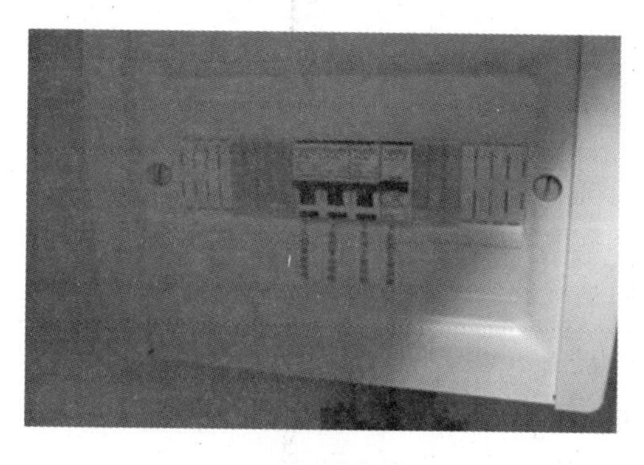

图 4-31 照明开关负荷标识

图 4-32 插座上级电源标示示意

4.9.2.3 灯具安装

发电机层灯具及壁灯安装效果，如图 4-33 所示。室内灯具安装效果，如图 4-34 所示。

图 4-33 发电机层灯具及壁灯安装效果

图 4-34 室内灯具安装效果

（1）灯具的种类、型号、规格符合设计要求，附件配套、齐全，外观无缺损，连接件配套、灵活无卡阻。

（2）同一室内或场所成排安装的灯具，其中心线偏差不应大于 5mm。灯具固定牢靠，每个灯具固定用的螺钉或螺栓不少于两个。并列安装的拉线开关相邻间距不小于 20mm，并且

保证灯具安装高度符合设计及规范要求值。

（3）吊链灯具的灯线不应受拉力，灯线采用软管保护与吊链固定在一起。

（4）软线吊灯的软线两端应作保护扣；两端芯线应搪锡。

（5）同一室内或场所成排安装的灯具，其中心线偏差不应大于5mm。

（6）嵌入式灯具的安装应符合下列要求。

1）灯具应固定在专设的框架上，导线不应贴近灯具外壳，且在灯盒内应留有余量，灯具的边框应紧贴在顶棚面上。

2）矩形灯具的边框宜与顶棚面的装饰直线平行，其偏差不应大于5mm。地线和零线的连接必须按设计和规程要求进行，并保证灯座、外壳等非带电部分的接地完整、牢靠。

4.9.2.4 插座安装

（1）插座安装高度为距地面30cm；同一室内安装的插座高度差不应大于5mm。

图4-35 嵌入式插座及疏散指示灯安装效果

（2）嵌入式插座采用专用盒；专用盒的四周不应有空隙，且盖板应端正，并紧贴墙面。嵌入式插座安装效果，如图4-35所示。

（3）在潮湿场所，应采用密封良好的防水防溅插座。

4.9.2.5 疏散指示灯安装

疏散指示灯安装效果，如图4-35所示。

（1）疏散指示灯安装位置、高度应符合设计图纸要求。

（2）嵌入式疏散指示灯与建筑物四周无空隙，固定牢固、面板端正，并紧贴墙面。

4.9.2.6 开关安装

照明开关安装效果，如图4-36所示。

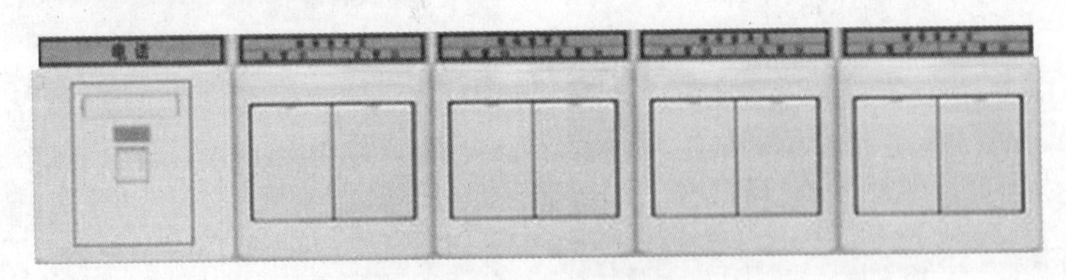

图4-36 照明开关安装效果

（1）开关安装采用同一系列的产品，开关的通断位置一致，操作灵活、接触可靠。

（2）开关安装的位置应便于操作，开关边缘距门框的距离宜为0.15～0.2m；开关距地面高度为1.4m，盖板应端正，并紧贴墙面。

（3）并列安装的相同型号开关距地面高度应一致，高度差不应大于1mm；同一室内安装的开关高度差不应大于5mm。

4.9.2.7　明敷照明线路安装

明敷照明线路安装，如图4-37所示。

（1）根据设计图纸，敷设路径要以短、弯曲少为原则，做到井然有序，美观大方。

（2）明敷照明线路安装应结合墙面形式，采用PVC槽盒安装。

（3）线槽应采用标准件紧贴墙角敷设，在出现分支或交叉时，采用弯通、三通、四通标准件中转，槽盒接口应对其密封，横纵垂直。

图4-37　明敷照明线路安装

（4）槽盒应安装牢固，支持点间距离不得超过1.5m。敷设前应尽量考虑到障碍物，若实在不能避开障碍物应弯折绕开。

4.9.3　涉及的强制性条文

4.9.3.1　NB 35074—2015《水电工程劳动安全与工业卫生设计规范》

第4.2.5条　蓄电池室、油罐室和油处理室应使用防爆型灯具、通风电动机，室内不得装设开关和插座；检修用的行灯应采用安全型防爆灯，其电缆应用绝缘良好的胶质软线。蓄电池室室内照明线应采用穿管暗敷，电池应避免阳光直射。

第4.2.6条　所有工作场所严禁采用明火取暖。蓄电池室、油罐室、油处理设备室严禁使用敞开式电热器取暖。

第4.3.1条第5款　保护导体必须有足够的截面和良好的电气连续性，严禁将金属水管、含有可燃性气体或液体的管道，以及正常使用中承受机械应力的导电部分用作保护导体。电气装置的外露可导电部分不得用作保护导体的串接过渡接点。

第4.3.3条　如果干式变压器没有布置在独立的房间内，其四周应设置防护围栏或防护等级不低于IP2X的防护外罩，并应考虑通风防潮措施。

第4.5.6条　枢纽建筑物的掺气孔、通气孔、调压井，应在其孔口设置防护栏杆或设置钢筋网孔盖板，网孔应能防止人脚坠入。

4.9.3.2　GB 50575—2010《1kV及以下配线工程施工与验收规范》

第3.0.9条　配线工程中非带电金属部分的保护接地必须符合设计要求。

4.9.4　效果图

走廊灯具安装效果，如图4-38所示。同一室内壁灯安装效果，如图4-39所示。嵌入式灯具安装效果，如图4-40所示。发电机层照明灯具安装效果，如图4-41所示。

图 4-38　走廊灯具安装效果

图 4-39　同一室内壁灯安装效果

图 4-40　嵌入式灯具安装效果

图 4-41　发电机层照明灯具安装效果

4.10　电缆敷设

4.10.1　电缆敷设前施工准备

（1）在工作开始前编写作业指导书，并提交监理工程师批准，根据批准的作业指导书对施工人员进行交底，确保所有有关施工人员按统一的工艺标准进行电缆的整理、固定、制作电缆头和标识，确保美观。

（2）电缆敷设前，应现场复核桥架、电缆沟、电缆竖井是否通畅无障碍。

（3）根据图纸及规范要求拟定电缆敷设布置规划，编写电缆敷设走向与电缆分层及数量清单。

（4）根据电缆敷设路径检查电缆通道，进行全面清理、清扫。

4.10.2　电缆敷设一般工艺流程

电缆敷设一般工艺流程，如图 4-42 所示。

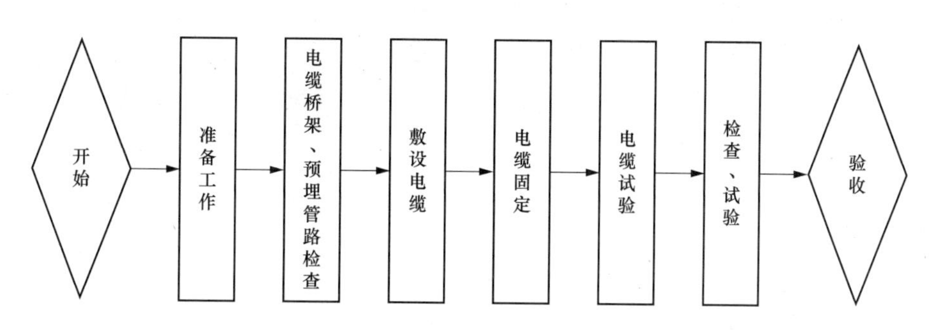

图 4-42　电缆敷设一般工艺流程

4.10.3　电缆敷设原则

（1）电缆按电压等级分为以下四类：10kV 高压电缆、0.4kV 动力电缆、控制电缆、弱电电缆（光纤、网线、通信电缆等），原则上不同种类的电缆应分层敷设，如图 4-43 所示。如果现场无法分层敷设时，应在同层电缆桥架中加装隔板，用于区分开不同种类电缆，如图 4-44 所示。

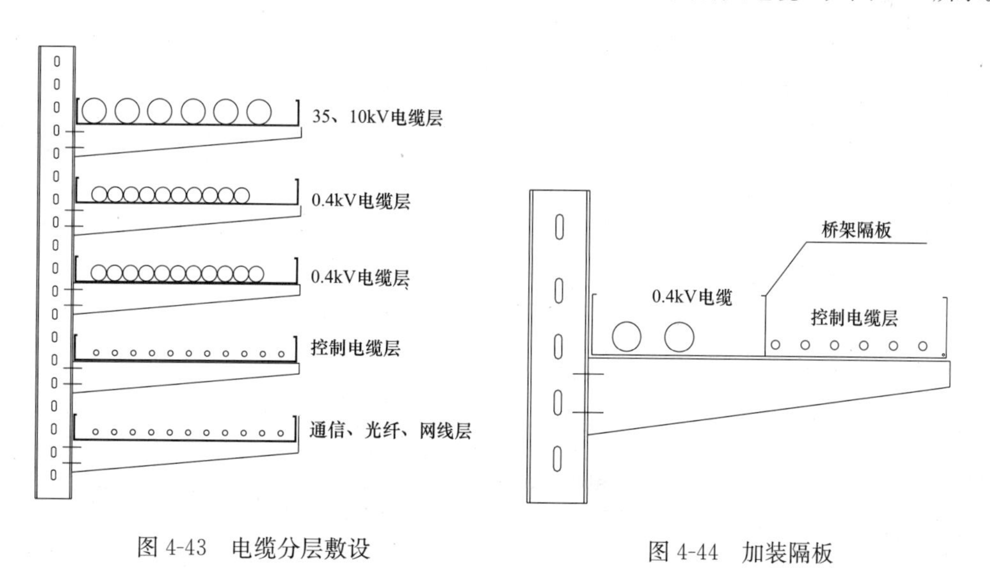

图 4-43　电缆分层敷设　　图 4-44　加装隔板

（2）编制敷设顺序表（或排列布置图），作为电缆敷设和布置的依据。电缆敷设顺序表应包含电缆的敷设顺序号，电缆的设计编号，电缆敷设的起点、终点，主要敷设路径等，编制电缆敷设顺序表的要求如下。

1）合理编制电缆敷设顺序表（或电缆敷设路径规划图），特别是公共区域电缆敷设，避免电缆造成后续机组电缆无法敷设等问题。

2）应按设计和实际路径计算每根电缆的长度，合理安排每盘电缆，减少换盘次数。

3）应使电缆敷设时排列整齐，走向合理，不宜交叉。

4）在确保走向合理的前提下，同一层面应尽可能考虑连续施放同一种型号、规格或外径接近的电缆。

(3) 电缆敷设应按顺序排列，间距均匀，尽量不要交叉，采取边敷设边整理的形式进行，发现前一根电缆排列不合格，不许进入下一根电缆的敷设。严防因多根电缆同时敷设而引起排列混乱的情况。

4.10.4 电缆敷设工艺

4.10.4.1 电缆沿支架、桥架敷设

(1) 电缆敷设时，电缆应从盘的上端引出，不应使电缆在支架上及地面摩擦拖拉。电缆上不得有压扁、绞拧、护层折裂等机械损伤。

(2) 电缆敷设时，应装设临时标志牌。临时标志牌的装设应符合下列要求。

1) 临时标示表应装设在电缆两端。

2) 临时标志牌上应注明电缆编号、电缆型号、规格、起点及终点，字迹应清晰不易脱落，挂装应牢固，并与电缆一一对应。

(3) 按照电缆敷设顺序表或排列布置图逐根敷设电缆，合理安排电缆的敷设顺序及走向，同一方向、同一层次的电缆应集中敷设，避免在三通、四通桥架处造成电缆杂乱无章现象。

(4) 电缆敷设应按顺序排列，间距均匀，尽量不要交叉，采取边敷设边整理的形式进行，发现前一根电缆排列不合格，不许进入下一根电缆的敷设。严防因多根电缆同时敷设而引起排列混乱的情况。

(5) 优先敷设的电缆必须充分考虑后续电缆的敷设，为后续电缆的敷设留出足够的剩余桥架空间，尤其在控制室、电缆竖井处应特别注意。

(6) 双通道通信电缆、环网光缆、双电源电力电缆应分别在不同电缆桥架路径上敷设。

(7) 不同等级电压的电缆应分层敷设，高压电缆应敷设在上层。

(8) 电缆的最小弯曲半径应符合表 4-3 中的规定。

表 4-3　　电缆最小弯曲半径

<table>
<tr><th colspan="3">电缆形式</th><th>多芯</th><th>单芯</th></tr>
<tr><td colspan="3">控制电缆</td><td>10D</td><td></td></tr>
<tr><td rowspan="3">橡皮绝缘电力电缆</td><td colspan="2">无铅包、钢铠护套</td><td colspan="2">10D</td></tr>
<tr><td colspan="2">裸铅包护套</td><td colspan="2">15D</td></tr>
<tr><td colspan="2">钢铠护套</td><td colspan="2">20D</td></tr>
<tr><td colspan="3">聚氯乙烯绝缘电力电缆</td><td colspan="2">10D</td></tr>
<tr><td colspan="3">交联聚乙烯绝缘电力电缆</td><td>15D</td><td>20D</td></tr>
<tr><td rowspan="3">油浸纸绝缘电力电缆</td><td colspan="2">铅包</td><td colspan="2">30D</td></tr>
<tr><td rowspan="2">铅包</td><td>有铠装</td><td>15D</td><td>20D</td></tr>
<tr><td>无铠装</td><td>20D</td><td></td></tr>
<tr><td colspan="3">自容式充油（铅包）电缆</td><td></td><td>20D</td></tr>
<tr><td rowspan="2">光缆</td><td colspan="2">普通单护套光缆</td><td colspan="2">20D</td></tr>
<tr><td colspan="2">普通双护套光缆</td><td colspan="2">25D</td></tr>
</table>

注　D 为电缆外径。

4.10.4.2　电缆的固定

（1）电缆绑线统一为黑色绑扎带，严禁使用铁丝或其他易燃物品绑扎。

（2）电缆排列和固定时，垂直敷设或大于45℃倾斜敷设的电缆应在间距1m支架上设固定点，竖井电缆绑扎，如图4-45所示；水平敷设的电缆，在电缆首末两端、转弯两侧及每隔5～10m处进行绑扎固定，松紧要适度，并留有适当余量。直线段电缆绑扎，如图4-46所示。

图4-45　竖井电缆绑扎

图4-46　直线段电缆绑扎

（3）单芯电缆的固定应符合设计要求，单芯电力电缆固定夹具或材料不应构成闭合磁路。

（4）所有电缆敷设时，电缆沟转弯、电缆层井口处的电缆弯曲弧度一致、过渡自然。所有桥架直线段内的电缆必须拉直，不允许有电缆弯曲现象，如图4-47和图4-48所示。

图4-47　电缆敷设弯曲半径一致

图4-48　电缆成片交叉，减少交叉层数

（5）电缆敷设告一段落后，应开展全线的整理工作，待符合要求后方可进行下一阶段的电缆敷设工作。

（6）电缆就位。

1）端子箱内电缆就位的顺序应按该电缆在端子箱内端子接线序号进行排列，穿入的电缆在端子箱底部留有适当的弧度。电缆从桥架穿入端子箱时，在穿入口处应整齐一致。

2）屏柜电缆就位前应先将电缆整理好，并用扎带将整理好的电缆扎牢。根据电缆在层

图 4-49　电缆穿入盘柜整理

架上敷设顺序分层将电缆穿入屏柜内，确保电缆就位弧度一致，层次分明。

3）户外短电缆就位：电缆排管在敷设电缆前，应进行疏通，清除杂物。管道内部应无积水，且无杂物堵塞。穿入管中电缆的数量应符合设计要求；交流单芯电缆不得单独穿入钢管内。穿电缆时，不得损伤护层，可采用无腐蚀性的润滑剂。

（7）敷设完的电缆要求：纵看成片，横看成线，引出方向一致，弯度一致，余度一致，松紧适当，相互间距一致，并避免交叉压叠，达到美观整齐。电缆穿入盘柜整理，如图 4-49 所示。

4.10.5　效果图

夹层敷设电缆效果，如图 4-50 所示。水平敷设电缆效果，如图 4-51 所示。拐弯处敷设效果，如图 4-52 所示。感温光纤敷设效果，如图 4-53 所示。

图 4-50　夹层敷设电缆效果

图 4-51　水平敷设电缆效果

图 4-52　拐弯处敷设效果

图 4-53　感温光纤敷设效果

4.11　防火封堵施工

4.11.1　适用范围

穿墙孔、盘柜、端子箱、桥架、电缆沟、竖井、电缆保护管（油水气穿墙套管）、二次接线盒等。

4.11.2　工艺流程及主要质量控制要求

4.11.2.1　电缆竖井防火封堵方案及质量控制要求

（1）产品组合：防火封堵板材（防火涂层板）＋电缆防火涂料＋防火密封胶（弹性防火密封胶）＋防火密封胶（膨胀型防火密封胶）。

（2）封堵竖井时，封堵处采用防火封堵板材（防火涂层板），并在其上开好电缆孔。

（3）板与竖井之间采用防火密封胶（弹性防火密封胶）。

（4）板与电缆之间用防火密封胶（膨胀型防火密封胶）封堵。

（5）在孔洞两侧电缆上涂刷防火涂料，长度300mm，以防沿电缆引起延燃，干涂层厚度1mm。

4.11.2.2　电缆贯穿楼板防火封堵方案及质量控制要求

（1）产品组合：防火封堵板材（防火涂层板）＋电缆防火涂料＋防火密封胶（弹性防火密封胶）＋防火密封胶（膨胀型防火密封胶）。

（2）电缆贯穿楼板封堵采用单张防火封堵板材（防火涂层板），并在其上开好电缆孔。

（3）板与楼板之间用防火密封胶（弹性防火密封胶）封边。

（4）板与电缆之间用防火封堵板材（防火涂层板）封堵。

（5）在孔洞两侧电缆上涂刷防火涂料，长度300mm，以防沿电缆引起延燃，干涂层厚度1mm。

4.11.2.3　电缆沟防火墙防火封堵方案及质量控制要求

（1）产品组合：无机堵料＋防火密封胶（膨胀型防火密封胶）＋电缆防火涂料。

（2）以无机堵料封堵孔洞四周，并在此封堵层上电缆或桥架贯穿处留下大小合适的孔洞，封以矿棉。

（3）矿棉两端用膨胀型防火密封胶封堵并抹平，封堵层厚度不小于80mm。

（4）在两侧电缆上涂刷电缆防火涂料长度300mm，以防沿电缆引燃，干涂层厚度1mm。

（5）应在阻火墙底部的适当位置预留一定量的排水管，防止积水。

4.11.2.4 电缆穿管防火封堵方案及质量控制要求

(1) 产品组合：防火密封胶（膨胀型防火密封胶）。

(2) 对穿管敷设的电缆，应在管头处。

(3) 防火密封胶（膨胀型防火密封胶）进行封堵。

(4) 防火封堵层不小于13mm。

4.11.2.5 电缆桥架穿墙防火封堵方案及质量控制要求

(1) 产品组合：无机堵料＋防火密封胶（膨胀型防火密封胶）＋电缆防火涂料。

(2) 以无机堵料封堵孔洞四周，并在此封堵层上电缆或桥架贯穿处留下大小合适的孔洞，封以矿棉。

(3) 矿棉两端用防火密封胶（膨胀型防火密封胶）并抹平，封堵层厚度不小于80mm。

(4) 在两侧电缆上涂刷电缆防火涂料长度300mm，以防沿电缆引起延燃，干涂层厚度1mm。刷防火涂料过程不允许将涂料涂刷在电缆桥架上。

4.11.2.6 盘柜下进线防火封堵方案及质量控制要求

(1) 产品组合：防火密封胶（膨胀型防火密封胶）或防火封堵板材（防火涂层板）＋电缆防火涂料＋防火密封胶（弹性防火密封胶）。

(2) 将防火封堵板材（防火涂层板）裁至盘柜合适大小。

(3) 用防火密封胶（弹性防火密封胶）在涂层板四周涂覆，起到与盘柜四周黏结及密封作用。

(4) 用防火密封胶（膨胀型防火密封胶）在电缆四周涂覆。

(5) 用电缆防火涂料将封堵面抹平。

4.11.3 效果图

封堵效果，如图4-54所示。

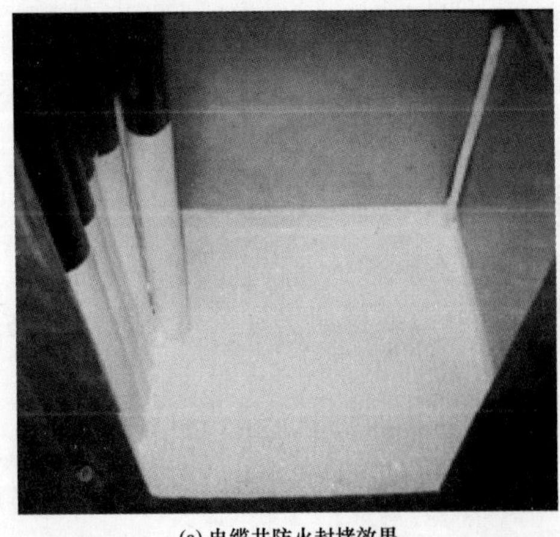

(a) 电缆井防火封堵效果

(b) 电缆防火隔断封堵效果

图4-54 封堵效果（一）

(c) 电缆沟防火封堵效果

(d) 盘柜封堵效果

(e) 盘柜防火封堵效果

(f) 电缆桥架隔断封堵效果

图 4-54　封堵效果（二）

4.12　电缆头制作工艺

4.12.1　10kV 三芯冷缩电缆终端头

4.12.1.1　电缆预处理

把电缆置于预定位置，剥去外护套、铠装及衬垫层，尺寸根据产品说明书规定确定，再往下剥护套留出铠装，并擦洗开剥处表面的污垢，护套口往下处绕包两层防水胶带。在顶部绕包 PVC 胶带，将铜屏蔽带固定。

（1）用恒力弹簧将第一条接地线固定在钢铠上。

（2）绕包胶带两个来回，将恒力弹簧及衬垫层包覆住。先在三芯铜屏蔽带根部缠绕第二条接地线，并将其向下引出。制作时要注意使第二条接地线位置与第一条相背。

（3）用恒力弹簧将第二条接地线固定住。

（4）半重复包胶带将恒力弹簧全部包覆住。在第一层防水胶带的外部再绕包第二层防水带，把接地线夹在当中，以防水气沿接地线空隙渗入。

（5）在整个接地区域及防水带外面绕包几层 PVC 胶带，将其全部覆盖。

（6）安装冷缩电缆密封分支手套。把手套放到电缆根部，逆时针抽掉芯绳，先收缩颈部，然后，按同样方法，分别收缩三芯。用 PVC 带将接地编织线固定在电缆护套上。

（7）将冷缩式套管分别套入三芯。使套管重迭在手套分枝上 15mm 处，逆时针抽掉芯绳，将其收缩。

（8）半重叠绕包半导体带，从铜屏蔽带上处开始，绕包至主绝缘上，再回绕到开始处。

（9）将永久电缆牌用塑料绑扎带固定在电缆头以下适当部位。

（10）在耐压试验合格且相序检查合格后，将电缆接线端子涂上电力复合脂，连接到相应的接线端子上，并用力矩扳手紧固牢固。

4.12.1.2 10kV 单芯冷缩电缆终端头制作

（1）电缆预处理：按厂家说明书要求长度，剥去电缆外护套，护套口往上保留的铜屏蔽带长度、铜带口往上留的半导体层长度遵照厂家说明书，留够长度后，其余全部切除。

（2）清洗电缆主绝缘时不能碰到外半导体层。半重叠来回绕包半导体带，绕包口平整。

（3）接地线安装。

（4）冷缩终端安装基准标识处理。

（5）收缩终端。

（6）压接线鼻子。

（7）用绝缘胶带缠绕接线端子与绝缘之间的空隙。

（8）将永久电缆牌用塑料绑扎带固定在电缆头以下适当部位。

（9）在耐压试验合格且相序检查合格后，将电缆接线端子涂上电力复合脂，连接到相应的接线端子上，并用力矩扳手紧固牢固。

4.12.1.3 0.4kV 电缆终端头制作

根据接线位置确定电缆长度及固定位置，确定电缆剥切位置，剥去电缆外层绝缘，留出接地线套上与电缆直径相适应的冷缩管或热缩管，做好相色标识，根据接线端子的长度分别剥切各芯的绝缘层，并选取合适的压模压接，接到相应的接线端子，零线和接地线的连接符合设计要求，并将所有的连接螺栓用力矩扳手紧固。将永久电缆牌用塑料绑扎带固定在电缆头以下适当部位，如图 4-55 所示。

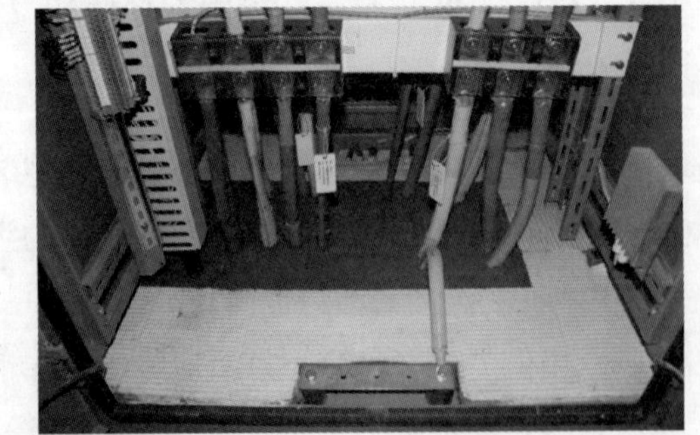

图 4-55　400V 电缆头及防火封堵

4.12.1.4 控制电缆头制作

（1）根据接线位置确定电缆外绝缘的剥切位置。

（2）电缆的屏蔽层接地严格按相关要求进行。

（3）根据电缆直径选用合适的热缩管或冷缩管，当采用直径大的热缩管时，其长度

相应长一点，套在电缆头根部，用专用的加热吹风机收缩，加热时注意各个方向均匀进行。

（4）将永久电缆牌用塑料绑扎带固定在电缆头以下适当部位。

4.12.1.5　光纤熔接工艺

（1）准备好光纤熔接机、接头盒及其他工具和材料。

（2）光纤的熔接由经监理工程师确认的人员承担。

（3）光缆连接前剪去一段长度，确保连接部分没有受到机械损伤。

（4）保持光缆接续部位及工具、材料的清洁，不得让光纤接头受潮，准备切割的光纤必须清洁，不得有污物。切割后，光纤不得在空气中暴露时间过长，尤其是在多尘潮湿的环境中。

（5）切割的光纤应为平整的镜面，无毛刺、缺损，光纤端面的轴线倾角应小于1°。

（6）根据光纤的类型正确合理地设置熔接机的熔接参数、预放电电流、时间及主放电电流、主放电时间等，并且在使用中和使用后及时去除熔接机中的灰尘，特别是夹具、各镜面和V形槽内的粉尘和光纤碎末。每次使用前使熔接机在熔接环境中放置至少15min，特别是在放置与使用环境差别较大的地方（如冬天的室内与室外），根据当时的气压、温度、湿度等环境情况，重新设置熔接机的放电电压及放电位置，以及使V形槽驱动器复位等调整。

（7）连接后双向测量连接损耗量，并取算术平均值。

4.12.2　涉及的强制性条文

GB 50168—2018《电气装置安装工程　电缆线路施工及验收标准》

第6.2.4.2条　电缆与热管道（沟）、油管道（沟）、可燃气体及易燃液体管道（沟）、热力设备或其他管道（沟）之间，虽净距能满足要求，但检修管路可能伤及电缆时，在交叉点前后1m范围内，应采取保护措施；当交叉净距离不能满足要求时，应将电缆穿入管中，其净距可为0.25m。电缆与热管道（管沟）及热力设备平、交叉时，应采取隔热措施，使电缆周围土壤的温升不超过10℃。

第6.2.8条　直埋电缆回填前，应经隐蔽工程验收合格，回填料应分层夯实。

第6.4.4条　电缆与热管道、热力设备之间的净距，平行时不应小于1m，交叉时不应小于0.5m，当受条件限制时，应采取隔热保护措施。电缆通道应避开锅炉的观察孔和制粉系统的防爆门；当受条件限制时，应采取穿管或封闭槽盒等隔热防火措施。电缆不得平行敷设于热力设备和热力管道的上部。

第6.6.10条　水底电缆敷设后，两侧陆上应按设计要求设立导标。敷设时应同步定位测量，并应及时纠正航线偏差、校核敷设长度。

第7.1.1条　电缆终端与接头的制作，应由经过培训的熟悉工人进行。

第 7.1.9 条 三芯电力电缆在电缆终端处，电缆铠装、金属屏蔽层应用接地线分别引出，并应接地良好。

第 8.0.1 条 对爆炸和火灾危险环境、电缆密集场所或可能着火蔓延而酿成严重事故的电缆线路，防火阻燃措施必须符合设计要求。

第 8.0.6 条 防火阻燃材料施工措施应按设计要求和材料使用工艺确定，材料质量与外观应符合下列规定。

1. 有机堵料不氧化、冒油，软硬应适度，应具备一定的柔韧性。

2. 无机堵料应无结块、杂质。

3. 防火隔板应平整、厚薄均匀。

4. 防火包遇水或受潮后不应结块。

5. 防火涂料应无结块、能搅拌均匀。

6. 阻火网网孔尺寸应均匀，经纬线粗细应均匀，附着防火复合膨胀料厚度应一致。网弯曲时不变形、脱落，并应易于曲面固定。

第 8.0.8 条 电缆孔洞封堵应严实可靠，不应有明显的裂缝和可见的孔隙，堵体表面平整，孔洞较大者应加耐火衬板后再进行封堵。

4.13 电缆二次配线

4.13.1 二次配线一般工艺流程

二次配线一般工艺流程，如图 4-56 所示。

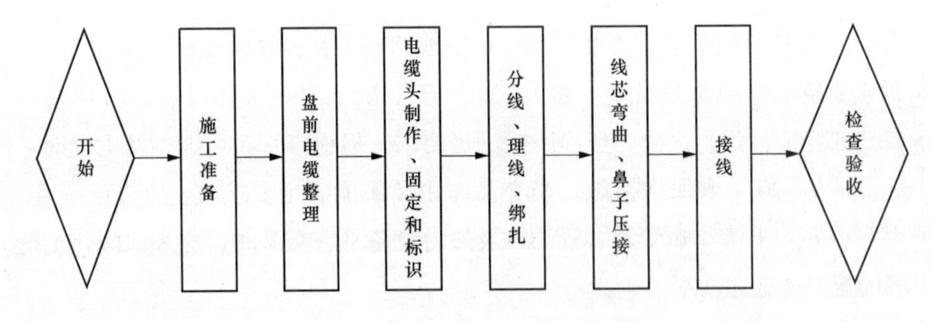

图 4-56 二次配线一般工艺流程

4.13.2 主要质量控制要求

4.13.2.1 电缆头制作

（1）剥电缆。

1）剥电缆皮前应计算各排（集束）预留的高度，避免出现电缆头低而导致后续的电缆牌被埋在盘底防火封堵堵料里面；剥开电缆皮，注意千万不能伤及线芯；电缆头不应出现斜口（倾斜）。

2）电缆外皮剥后，普通屏蔽电缆屏蔽网从根部预留30mm左右用于后续屏蔽接地，其余部分全部去除。

3）屏蔽去除后，将各芯线分开、拉直，在拉直过程中不能太用力，以免损坏芯线绝缘层。

（2）屏蔽处理及接地。在电缆头制作前，用相同规格屏蔽网与电缆根部屏蔽层连接牢固后，统一从电缆背面、热缩套下方引出，统一整理编辫套黄绿相间热缩套管，最后用线鼻子压接到盘内带绝缘子接地铜排上，每个接线鼻子内接地线不应超过6根。注：保护用电流回路、电压回路电缆屏蔽单独接地，并在端部套相应电缆编号线号管。

（3）热缩套安装。

1）热缩套统一采用黑色，长度为60mm，上部填充物采用红色相色带，如图4-57所示。热缩套套入电缆的位置应以电缆破割点为基准线，基准线上方（芯线处）为25mm，基准线另一端为35mm（简称大小头）。

2）对热缩套管处理应采用电吹风均匀加热，加热时热缩套管不能移位。不得有过烤、欠烤现象，为防止积存空气，要求由热缩管中间向两端烤。

图4-57 电缆头填充物

3）电缆头的高度应尽量保持一致，且高于防火封堵层表面，同时要求电缆头低于盘内最低端子，如二者有矛盾，则应首先满足前者。

4.13.2.2 电缆标牌制作及挂设

（1）电缆标牌形状、颜色、内容、绑扎材料和绑扎位置应统一。电缆标牌统一采用号牌机或标签机打印，标签上打印分四行，第一行为电缆编号，第二行为电缆型号，第三行为电缆的起点，第四行为电缆的终点，然后将电缆号牌捆绑于电缆上，电缆号牌应与电缆逐一对应，号牌悬挂不应使用带金属丝的线缆绑扎电缆号牌。

（2）标牌挂装应牢固并与电缆一一对应，每根电缆一个标牌，同一排电缆牌高度要求一致。标牌一般固定高度为电缆剥切部位向下10mm处。采取一根电缆悬挂一个标牌的方式。电缆牌示例及挂装示意如图4-58和图4-59所示。

4.13.2.3 线号管制作及安装

（1）线号管尺寸选择应和芯线匹配。

（2）每面盘柜内线号管长度统一，使用专用打印机进行打印，打印时应注意两端的对称性，要求字体大小适宜、字迹清晰、不易脱落，字体统一为黑色。

（3）线号管上应标明电缆编号、芯线号、本侧端子号，线号管分两面打印，一面为电缆编号＋芯线号；另一面为端子排号＋端子号＋回路号。线号管制作，如图4-60所示。

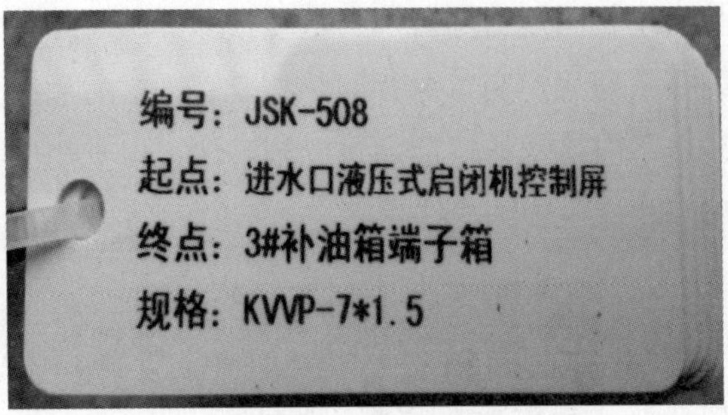

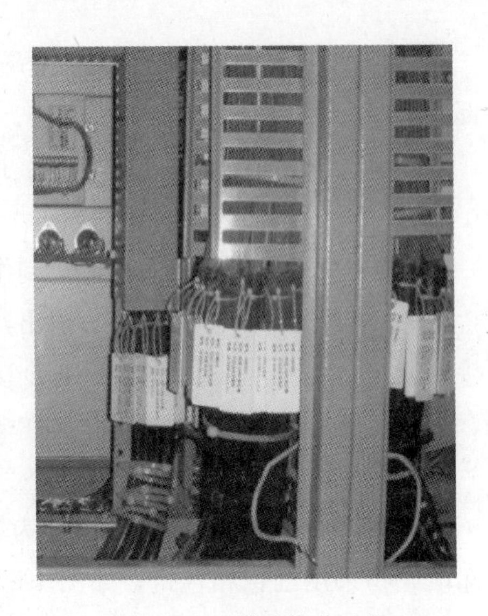

图 4-58　电缆牌示例

图 4-59　电缆牌挂装示意

图 4-60　线号管制作

（4）芯线上线号管的套入方向，应根据端子排安装的方向确定，当端子排垂直安装时，线号管上编号（字）应自左向右水平排列；当端子排水平安装时，线号套上编号（字）应自上而下排列。线号安装完成后，将芯线端头做回头处理，防止线号管脱落。

4.13.2.4　布线

（1）电气盘柜进线槽前线束弯曲弧度一致、自然、均匀、整齐、美观，固定牢固。电缆进线槽前布线示意，如图 4-61 所示。

（2）备用线芯预留高度应一致。无论在线槽内还是无线槽的线把，将备用线芯均留在线把的最末端，并将备用线芯套上线号管，线号管上标识有电缆编号、芯号；单根端部用绝缘套封头。电缆备用线芯示意，如图 4-62 所示。

4.13.2.5　接线

（1）使用剥线钳去除端部绝缘，剥除长度为接线端子的孔深，钳口大小与线芯一致，严禁小口剥粗线。

（2）若芯线为多股软铜线，芯线端部必须压接与芯线匹配的线鼻子，芯线与线鼻子平齐，压着牢固，用适当力量拉拽接线，线鼻子应不松脱，芯线金属部分不应超出线鼻子绝缘部分；对于需压接线鼻子的接线，应防止线芯绝缘层伸入线鼻子内部，造成虚接；单个端子接两根多芯软线时，使用压双线的专用线鼻子。

图 4-61　电缆进线槽前布线示意

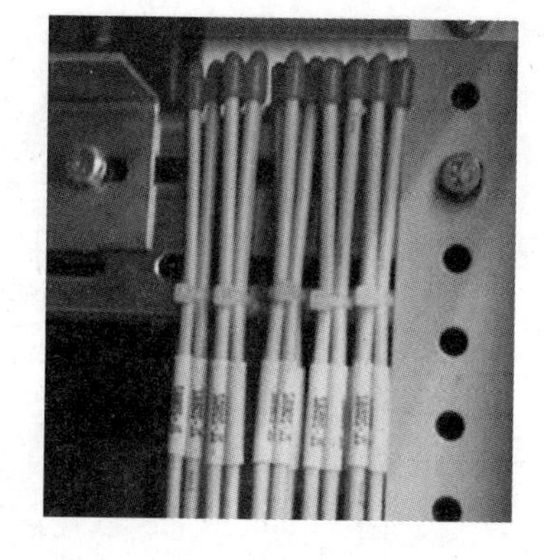

图 4-62　电缆备用线芯示意

（3）每个接线端子的每侧接线宜为 1 根，不得超过 2 根。对于插接式端子，不同截面的两根导线不得接在同一端子上。

（4）端子应有序号，端子排应便于更换且接线方便。

（5）电流回路应采用专用电流接线端子。

（6）线芯固定必须牢固可靠。要求施工人员每接完一根线芯都要顺便用手向外用力拉一下，如松动必须重新固定，对于多股软芯电缆，接线时必须压接线鼻子再进行施工。线芯接线示意，如图 4-63 所示。

（7）接线完成后，线号管字体统一朝外、正确、整齐、美观。线号管字体排列示意，如图 4-64 所示。

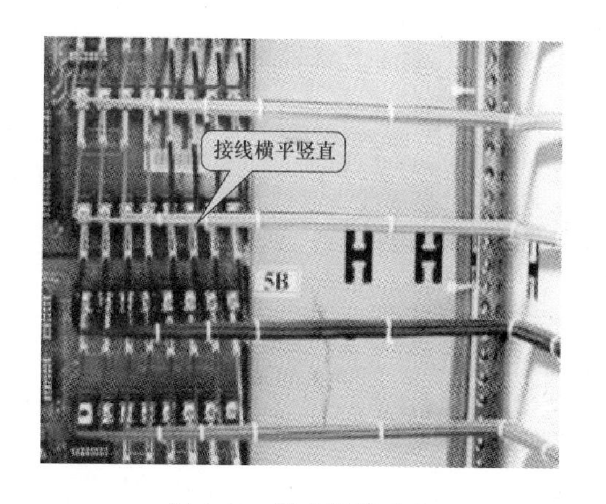

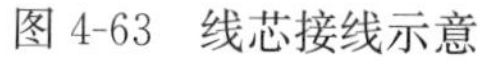

图 4-63　线芯接线示意

图 4-64　线号管字体排列示意

（8）盘柜整体配线完成后安装底板，底板开孔部位根据线束大小现场切割，并使用防割条进行防护。

4.13.3　效果图

盘柜配线整体效果，如图 4-65 所示。端接线示意，如图 4-66 所示。

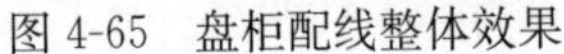

图 4-65　盘柜配线整体效果

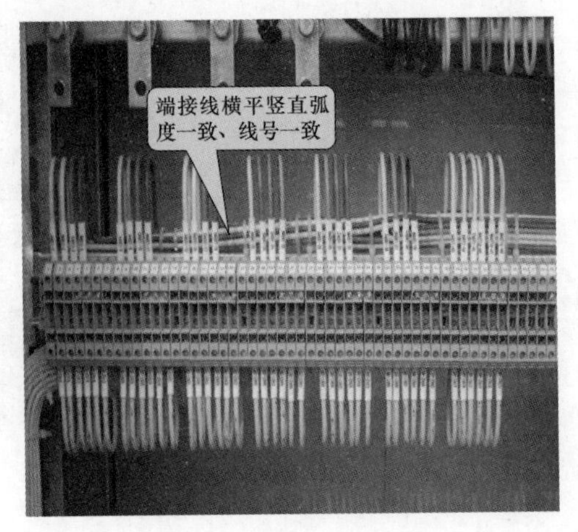

图 4-66　端接线示意

4.14　成套配电柜、控制柜（屏、台）和动力、照明配电箱（盘）安装

4.14.1　盘、柜、屏、箱安装一般工艺流程

盘、柜、屏、箱安装一般工艺流程，如图 4-67 所示。

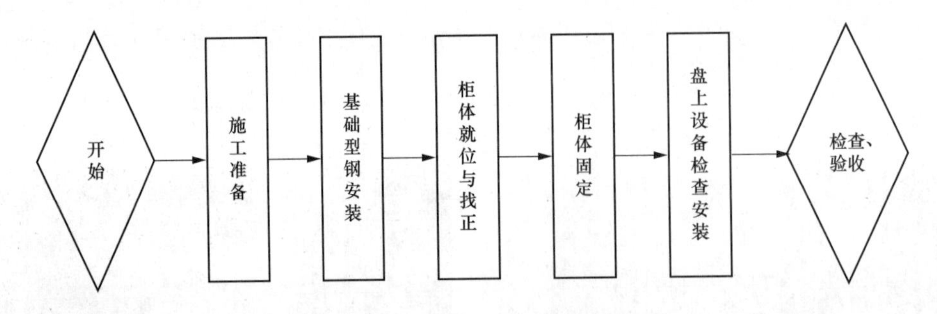

图 4-67　盘、柜、屏、箱安装一般工艺流程

4.14.2　主要质量控制要求

4.14.2.1　盘柜基础安装

（1）选用平直的槽钢进行盘柜基础的制作和安装，如有弯曲、变形，需调校标准。选用角向切割机或无齿锯进行下料，避免使用火焊切割。槽钢基础组合时，找好尺寸采用“对角焊接，先点焊再满焊”的原则，以免焊接时产生拉力变形，焊接完后，焊缝应打磨光滑平整。

（2）基础安装应以设计高程为准，若电气盘柜生产厂家有特殊要求时应按厂家技术要求执行。

（3）基础型钢应有明显的可靠接地，接地点不得少于两点，盘柜基础框架至少 2 点与电

站接地网可靠连接，盘正面槽钢禁止焊接接地扁钢，接地扁钢焊接在盘柜正面槽钢内侧与盘柜背面槽钢外侧。

基础槽钢安装验收标准，见表4-4。

表4-4　　基础槽钢安装验收标准

项目	允许偏差	
	mm/m	mm/全长
不直度	<1	<5
水平度	<1	<5
位置误差及不平行度		<5

4.14.2.2　盘柜安装

(1) 将盘柜基础表面清理干净，减少盘柜安装时的误差。

(2) 成列盘柜安装时，按照设计图纸，对首个盘柜进行定位安装，在对盘柜前、后、左、右调整过程中使用撬棍或手锤敲打，必须做防护工作，加垫木块或其他软质材料，不得直接敲打，避免损伤漆层。首个盘柜安装完成后，其余盘柜按设计顺序，依次紧贴进行安装。

(3) 对盘柜进行调整，采用线坠、水平尺及钢板尺等对盘柜进行调整，盘柜安装垂直度检查，如图4-68所示，各项数据应符合表4-5中的要求。

图4-68　盘柜安装垂直度检查

表4-5　　各项数据要求

项目	允许偏差
垂直度	1.5mm/m
水平度	相邻两柜顶部：<2mm
	成列盘柜顶部：<5mm
不平度	相邻两盘柜边：≤1mm
	成列盘柜面：<5mm
盘柜间缝隙	<2mm

(4) 盘面平整齐全，盘上标志正确齐全、清晰、不易脱色，屏柜（端子箱）内各空气断路器、熔断器位置正确，所有内部接线、电器元件紧固。

(5) 按设计要求对盘柜进行固定，要求固定牢固可靠。

（6）盘柜进线电缆均以下进线为主。

4.14.2.3　屏柜（端子箱）接地

（1）屏柜（端子箱）框架、底座接地良好。

（2）每列盘、柜、箱、单独电气设备应有1点以上明显接地，屏柜（设备）明接地采用不小于50mm² 黄绿接地线与就近接地扁钢连接，接地线应布置合理、美观。

（3）通信盘柜采用不小于120mm² 黄绿接地线与专用的环形接地网连接。

（4）屏柜内二次接地铜排应与专用接地铜排可靠连接，如图4-69所示。

（5）屏柜（端子箱）可开启门应用软铜导线可靠连接接地，如图4-70所示。

图4-69　二次接地铜排

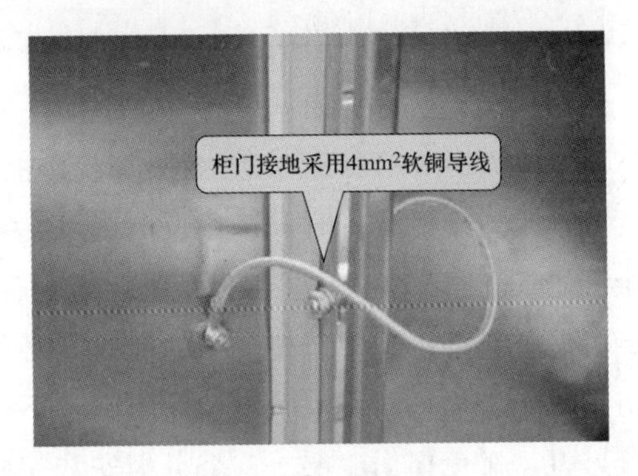

图4-70　门接地线

4.14.2.4　盘柜防震措施

在有振动场所布置的盘柜应采取防震措施：可在盘柜与基础型钢之间垫厚10mm的胶皮垫，其长度应与盘柜长度一致，宽度不小于基础型钢。

4.14.2.5　测量仪表、监测设备安装

测量仪表及监测设备应安装在盘柜内，不宜将测量仪表放在开放外部空间。

4.14.3　涉及的强制性条文

4.14.3.1　NB 35074—2015《水电工程劳动安全与工业卫生设计规范》

第4.3.1条第5款　保护导体必须有足够的截面和良好的电气连续性，严禁将金属水管、含有可燃性气体或液体的管道，以及正常使用中承受机械应力的导电部分用作保护导体。电气装置的外露可导电部分不得用作保护导体的串接过渡接点。

第4.3.3条　如果干式变压器没有布置在独立的房间内，其四周应设置防护围栏或防护等级不低于IP2X的防护外罩，并应考虑通风防潮措施。

第5.4.4条　六氟化硫气体绝缘电气设备的配电装置室、检修室及六氟化硫气体存储室，室内空气中六氟化硫气体含量不应超过6.0g/m³。

第5.4.5条第1款　六氟化硫气体绝缘电气设备的配电装置室、检修室及六氟化硫气体存储室应采取以下措施：应设置机械排风装置，其排风机电源开关应设置在门外，室内空气不应再循环，且不应排至其他房间。

4.14.3.2　GB 50171—2012《电气装置安装工程　盘、柜及二次回路接线施工及验收规范》

第 2.0.9 条　手车式柜的安装尚应符合下列要求：

检查防止电气误操作的“五防”装置齐全，并动作灵活可靠。

4.14.4　效果图

成列 10kV 开关柜效果，如图 4-71 所示。成列 400V 开关柜效果，如图 4-72 所示。

图 4-71　成列 10kV 开关柜效果

图 4-72　成列 400V 开关柜效果

4.15　电缆桥架安装

4.15.1　电缆桥架一般工艺流程

电缆桥架一般工艺流程，如图 4-73 所示。

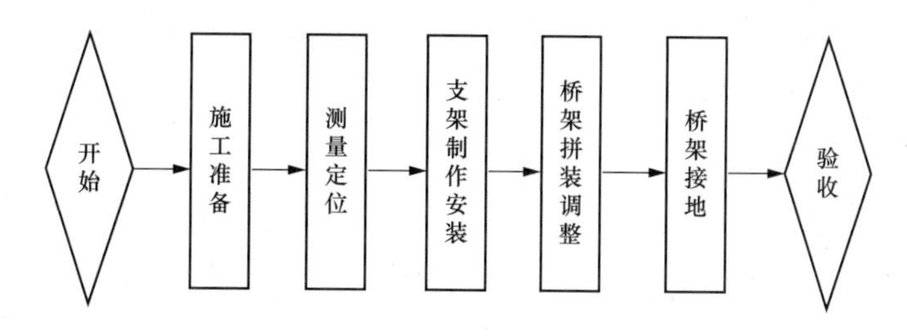

图 4-73　电缆桥架一般工艺流程

4.15.2　电缆桥架安装主要施工工艺

4.15.2.1　测量定位

根据设计图纸确定桥架始末端安装高程，找好水平或垂直线，用粉线袋沿墙壁、顶棚等处，在线路的中心线进行弹线。

4.15.2.2　电缆桥架安装工艺

（1）根据支架承受的荷重，选择相应的膨胀螺栓及钻头；埋好螺栓后，用螺母配上相应的垫圈将支架或吊架直接固定在金属膨胀螺栓上。

（2）电缆架组装时螺帽在外侧，接缝尽量靠近托臂，拐弯处的弯曲半径满足设计和规范要求，现场加工应用切割机，切口断面处打磨处理，并进行防腐。

（3）直接固定在墙上的立柱，先在安装高程相同的一段墙或柱的两端，分别安装一个立柱，用水准仪测量找平，用角尺检查托臂垂直度，然后将支撑固定牢固。复测无误后，用粉线将两端安装好的支撑顶部连接起来并撑紧，以此线为准将所有的支撑固定好。

（4）支撑固定后，在地面将2～3节托盘（梯架）先组装好，再架铺到支撑上，并与支撑固定，除电缆沟及竖井外，其他部位从顶层开始逐层安装。直到全部铺设紧固完毕，同时完成该段的接地线敷设。

（5）安装托盘（梯架）时，要特别注意电缆桥架层数变化位置，保证相连接的电缆桥架内敷设的电缆电压等级相同，避免电缆敷设时出现交叉混乱现象，影响电缆敷设的施工质量。

（6）在盘柜下部与电缆主架之间，根据盘内电缆的大小及数量加装不同规格的电缆梯架或支架，以便于整理和固定电缆。

（7）根据设计图纸所示位置及方式敷设接地线，保证电缆桥架全程的接地连续性。

（8）每部分电缆桥架安装完成后，经监理工程师验收合格，再进行下道工序施工。

4.15.3　电缆桥架安装质量控制指标及要求

（1）一般规定。

1）电缆桥架规格型号必须符合设计要求，附件齐全。桥架与配件、附件和紧固件均应采用镀锌标准件。

2）对于有防火要求的场所，电缆桥架安装时应采取防火隔离措施。

3）桥架范围30m内至少有2点接地。

4）电缆桥架安装应牢固，无锈蚀、污染现象。

5）电缆桥架安装应按以下程序进行：测量定位→安装立柱、托臂→检查确认→安装梯架（托盘）→安装接地线。桥架全面检查、验收合格，才能敷设电缆。

（2）支、吊架质量控制

1）支架与吊架所用材料应平直，无扭曲。下料后长短偏差应在±5mm，切口处应无卷边、毛刺。

2）支架及吊架应焊接牢固，无显著变形，焊缝均匀平整，焊缝长度应符合要求，不得出现裂纹、咬边、气孔、凹陷、漏焊等缺陷。

3）支架及吊架应安装牢固，保证横平竖直，在有坡度的建筑物上安装支架及吊架应与建筑物坡度相一致。

4）固定支点间距按设计要求布置，在进出接线盒、箱、柜、转角、转弯和变形缝两端及丁字接头的三端500mm以内应增设固定支持点。

（3）桥架质量控制。

1）桥架弯通弯曲半径小于或等于300mm时，应在距弯曲段与直线段结合处300～600mm的直线段侧增设一个支吊架。当弯曲半径大于300mm时，还应在弯通中部增设一个支吊架。

2）电缆桥架在电缆沟和电缆隧道内安装：应使用托臂固定在异形钢单立柱上，支持电缆桥架。电缆隧道内异型钢立柱与埋件焊接固定，电缆沟内异型钢立柱可用固定板安装，也可用膨胀螺栓固定。

3）由桥架引出的配管应使用金属管。当桥架需要开孔时，应用开孔机开孔，开孔尺寸应与管孔径相吻合，切口整齐，严禁用气、电焊割孔。金属管与桥架之间的连接，应使用管接头固定。

4）桥架的支、吊架沿桥架走向左右的偏差不应大于10mm。

5）当直线段钢制桥架超过30m，铝合金电缆桥架超过15m时，应有伸缩缝，其连接采用伸缩连接板（伸缩板）。

6）电缆桥架在穿过防火墙及防火楼板时，应采取防火隔离措施，防止火灾沿线路延燃。防火隔离段施工中，应配合土建施工预留洞口，在洞口处预埋好护边角钢。施工时根据电缆敷设的根数和层数制作固定框，并将固定框固定在护边角钢上。

（4）接地质量控制。

1）电缆桥架接地应符合下列要求：在伸缩缝或软连接处需采用编制铜线连接。沿桥架全长另敷设接地干线时，每段（包括非直线段）托盘、梯架应至少有一点与接地干线可靠连接。

2）质量验收要求。

（a）电缆桥架安装工程的施工质量验收应按层次、部位作为检验批。

（b）梯架（托盘）在每个支架上应固定牢固，电缆支架全长均有良好的接地、防腐。

4.15.4　涉及的强制性条文

4.15.4.1　GB 50257—2014《电气装置安装工程　爆炸和火灾危险环境电气装置施工及验收规范》

第5.1.1条　在爆炸危险环境的电气设备的金属外壳、金属构架、金属配线管及其配件、电缆保护管、电缆的金属护套等非带电的裸露金属部分，均应接地。

4.15.4.2　GB 50169—2016《电气装置安装工程　接地装置施工及验收规范》

第2.4.1条　接地体（线）的连接应采用焊接，焊接必须牢固无虚焊。接至电气设备上的接地线，应用镀锌螺栓连接。

4.15.4.3　GB 50168—2018《电气装置安装工程　电缆线路施工及验收标准》

第8.0.5条　防火阻燃材料应具备下列质量证明文件：具有资质的第三方检测机构出具

的检验报告；出厂质量检验报告；产品合格证。

第 8.0.8 条 电缆孔洞封堵应严实可靠，不应有明显的裂缝和可见的孔隙，堵体表面平整，孔洞较大者应加耐火衬板后再进行封堵。

4.15.5 效果图

桥架密封，如图 4-74 所示。电缆全密封，如图 4-75 所示。动力、控制电缆分界明显，如图 4-76 所示。电缆柜密封，如图 4-77 所示。电缆桥架引线，如图 4-78 和图 4-79 所示。异型桥架，如图 4-80 和图 4-81 所示。异型桥架布置，如图 4-82 和图 4-83 所示。桥架进出墙面处理，如图 4-84 和图 4-85 所示。

图 4-74 桥架密封

图 4-75 电缆全密封

图 4-76 动力、控制电缆分界明显

图 4-77 电缆柜密封

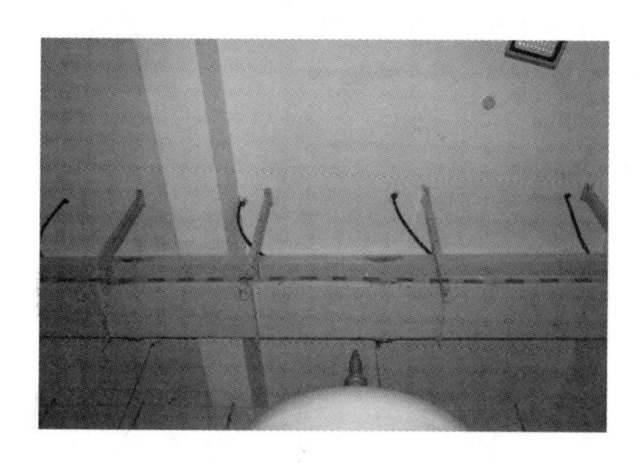

图 4-78　电缆桥架引线（一）

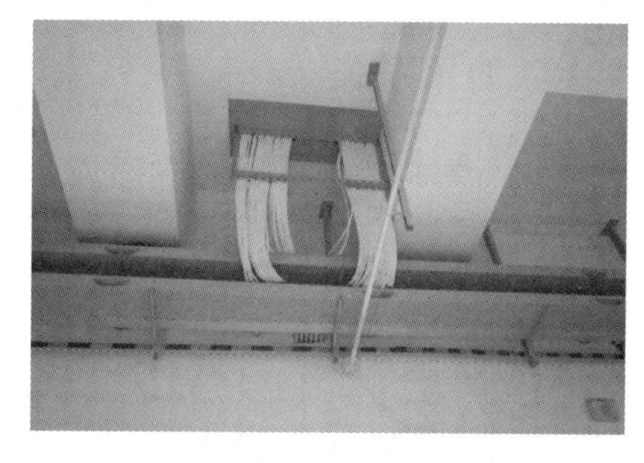

图 4-79　电缆桥架引线（二）

图 4-80　异型桥架（一）

图 4-81　异型桥架（二）

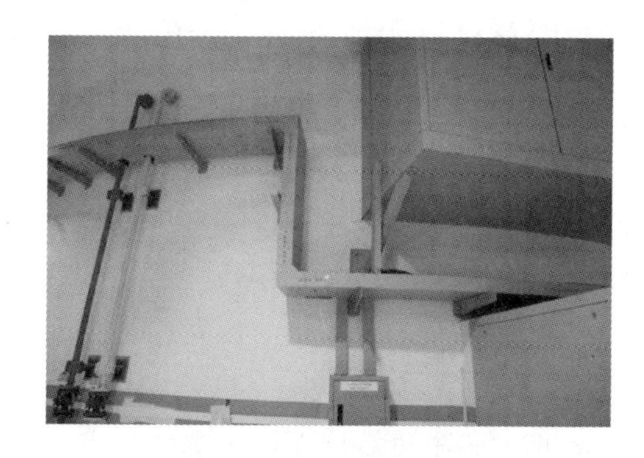

图 4-82　异型桥架布置

图 4-83　异型桥架布置

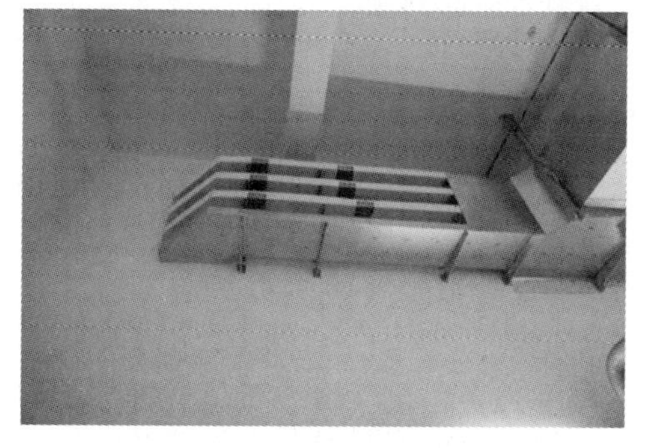

图 4-84　桥架进出墙面处理（一）

图 4-85　桥架进出墙面处理

4.16 直流系统

4.16.1 直流安装一般工艺流程

直流安装一般工艺流程，如图 4-86 所示。

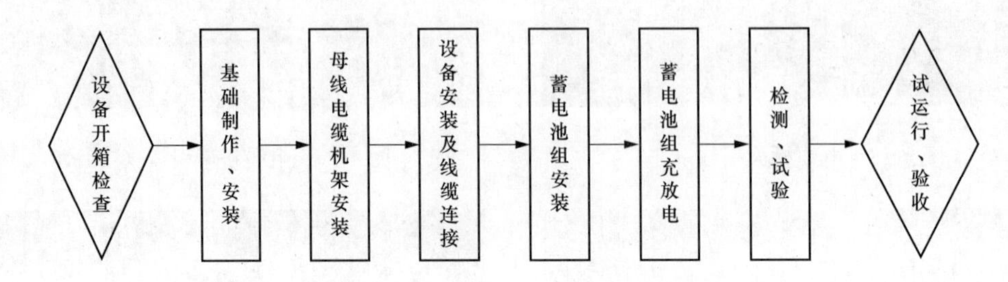

图 4-86 直流安装一般工艺流程

4.16.2 主要施工工艺

4.16.2.1 基础制作、安装

(1) 根据产品技术文件，确定设备的实际安装尺寸和固定螺栓安装孔距尺寸，测量出型钢的几何尺寸。

型钢先调直找正后，焊接成框架，再根据设备固定螺栓的间距，钻出固定孔。

(2) 框架加工完毕，配合土建确定地面基准线后，进行框架安装，用水平尺、水准仪找平，再固定牢固，基础型钢应将地线焊接好，保证接地可靠。

(3) 蓄电池室应加装空气通风过滤装置，避免蓄电池积尘。

4.16.2.2 母线、电缆及台架安装

(1) 母线、电缆安装，应符合以下要求。

1) 配电室内的母线支架应符合设计要求。

2) 引出电缆敷设应符合设计要求。宜采用塑料护套电缆带标明正、负极性。正极为红色、负极为蓝色。

3) 所采用的套管和预留洞处，均应用耐酸、碱材料密封。

4) 母线安装除应符合相关规定外，应在连接处涂电力复合脂和防腐处理。

5) 在穿越电缆竖井时，两组蓄电池电缆应加穿金属套管。

(2) 机架安装，应符合以下要求。

1) 机架的规格型号和材质应符合设计要求。其数量间距应符合设计要求。

2) 高压蓄电池架，应用绝缘子或绝缘垫与地面绝缘。

3) 机架安装应做好接地线的连接。

4) 直流电源采用铅酸蓄电池时，其角钢与电源接触部分衬垫 2mm 厚耐酸软橡皮，钢材

必须刷防酸漆。

4.16.2.3　设备安装

（1）根据施工图纸，用人力及滚杠将设备就位到基础型钢上，找平、找正后将设备固定牢固，其垂直度、水平度的允许偏差不应大于1.5‰，紧固件齐全。

（2）分别敷设不间断电源（UPS）主回路、控制回路的线缆，并与设备进行连接，具体工艺应符合电缆敷设工艺标准。

（3）将UPS输出端的中性线（N极）与由接地装置直接引来的接地干线相连接，作重复接地。

4.16.2.4　蓄电池组安装

（1）蓄电池安装应平稳、间距均匀；同排的蓄电池应高度一致，排列整齐。

（2）根据厂家提供的说明书和技术资料，固定列间和层间的蓄电池的连接板，操作人员必须戴胶布手套，并使用厂家提供的专用扳手连线。

（3）并联的电池组各组到负载的电缆应等长，以利于电池充放电时各组电池的电流均衡。

（4）极板之间相互平齐、距离相等，每只电池的极板片数符合产品技术文件的规定。

（5）UPS与蓄电池之间应设手动开关，并应采用专用电缆连接，线端应加接线端子，并压接牢固可靠。

（6）有抗震要求时，其抗震措施应符合有关规定，并牢固可靠。

4.16.3　质量控制要求及指标

4.16.3.1　一般要求

（1）直流电源应按产品技术要求试验调整，应检查确认，才能接至馈电网路。

（2）蓄电池组安装，首次充、放电的各项技术指标，必须符合GB 50172《电气装置安装工程　蓄电池施工及验收规范》的规定。

（3）蓄电池组安装，应符合下列要求。

1）稳固垫平、排列整齐、标志正确、清晰齐全、绝缘子绝缘垫板等无碎裂和缺损。

2）母线及支持件和支架平整，固定牢靠，母线平直，弯曲处弯度均匀一致，母线穿墙接线板，固定牢固、密封良好。

3）母线熔焊焊接，焊缝无裂纹、气孔等缺陷，母线色标准确均匀，布置合理。

4.16.3.2　控制指标

（1）主控项目。

1）直流电源的整流装置、逆变装置和静态开关装置的规格型号必须符合设计要求。内部接线连接正确，紧固件齐全，可靠不松动，焊接连接无脱落现象。

检验方法：观察检查。

2）直流电源的输入、输出各级保护系统和输出的电压稳定性、波形畸变系数、频率、相位、静态开关的动作等各项技术性能指标试验调整必须符合产品技术文件要求，且符合设计文件要求。

检验方法：检查安装记录。

3）直流电源装置间连线的线间、线对地间绝缘电阻值应大于 0.5MΩ。

检验方法：实测或检查绝缘电阻测试记录。

（2）一般项目。

1）安放直流电源的机架组装应横平竖直，水平度、垂直度允许偏差不应大于 1.5‰，紧固件齐全。

检验方法：观察检查。

2）引入或引出直流电源装置的主回路电线、电缆和控制电线、电缆应分别穿保护管敷设，在电缆支架上平行敷设应保持 150mm 的距离；电线、电缆的屏蔽护套接地连接可靠，与接地干线就近连接，紧固件齐全。

检验方法：观察检查。

4.16.4　涉及的强制性条文

4.16.4.1　NB 35074—2015《水电工程劳动安全与工业卫生设计规范》

第 4.2.5 条　蓄电池室、油罐室和油处理室应使用防爆型灯具、通风电动机，室内不得装设开关和插座；检修用的行灯应采用安全型防爆灯，其电缆应用绝缘良好的胶质软线。蓄电池室室内照明线应采用穿管暗敷，电池应避免阳光直射。

第 4.2.6 条　所有工作场所严禁采用明火取暖。蓄电池室、油罐室、油处理设备室严禁使用敞开式电热器取暖。

第 4.3.1 条第 5 款　保护导体必须有足够的截面和良好的电气连续性，严禁将金属水管、含有可燃性气体或液体的管道，以及正常使用中承受机械应力的导电部分用作保护导体。电气装置的外露可导电部分不得用作保护导体的串接过渡接点。

第 4.5.6 条　枢纽建筑物的掺气孔、通气孔、调压井，应在其孔口设置防护栏杆或设置钢筋网孔盖板，网孔应能防止人脚坠入。

4.16.4.2　GB 50169—2016《电气装置安装工程　接地装置施工及验收规范》

第 3.1.3 条　需要接地的直流系统的接地装置应符合下列要求（本工程不需要接地）：

1）能与地构成闭合回路且经常流过电流的接地线应沿绝缘垫板敷设，不得与金属管道、建筑物和设备的构件有金属的连接。

2）直流电力回路专用的中性线和直流两线制正极的接地体、接地线不得与自然接地体有金属连接；当无绝缘隔离装置时，相互间的距离不应小于 1m。

3）三线制直流回路的中性线宜直接接地。

4.16.5 成品示范

蓄电池支架安装，如图 4-87 所示。蓄电池组安装，如图 4-88 所示。

图 4-87 蓄电池支架安装

图 4-88 蓄电池组安装